KB155502

모든 병에는 답인 약초가 있습니다.

뉴 동의보감

오흥복 목사 지음

뉴 동의보감

초판 1쇄 | 2022년 07월 31일

지 은 이 | 오 흥 복
펴 낸 이 | 이 규 종
펴 낸 곳 | 예감출판사
등 록 제2015-000130호
주 소 | 경기도 고양시 덕양구 호국로 627번길 145-15
서울 마포구 토정로 222 한국출판콘텐츠센터 422-3
전 화 | (02) 6401-7004
팩 스 | (02) 323-6416
I S B N | 979-11-66-3(13470)
정 가 | 12,000 원

* 이 책은 저작권법에 의해 보호를 받는 저작물이므로
무단 전재와 무단복제를 하거나 전산장치에 저장할 수 없습니다.

© 오흥복 2022

저자 서문

제가 이 책을 쓰게 된 동기는 2008년 4월, 탈장 수술을 받고, 급성 폐렴으로 인해 죽었다 살아나는 과정을 통해 하나님이 우리에게 주신 건강의 소중함을 알게 되면서 음식과 우리나라 풀들과 약초에 관심을 갖게 되면서부터입니다.

제가 약초와 풀들을 연구하면서 느낀 것은 세상에 약이 없는 병은 단 하나도 없다는 것입니다. 하나님이 주신 약초에는 진짜 거짓말 같은 신통한 효능들이 있는 약초들이 많이 있습니다. 사람이 자연수명을 다 누리지 못하고 죽는 이유는 약이 없어서가 아니라 답(약)을 찾지 못해 죽는 것이었습니다. 주님 안에 모든 답(약)이 있습니다.

주님께 번제헌금을 드리고, 운동하고, 묵상하며 몸에 좋은 약초들을 연구하면 반드시 병에 대한 답(약)을 영감으로 하나님이 주십니다. 그러나 사람들은 이 답(약)을 찾으려 하지 않고 찾았다 해도 쉽게 포기해 버리고, 그 찾은 답(약)을 믿지 않기 때문입니다. 그래서 자연수명을 다 누리지 못하고 죽는 것입니다. 그러므로 우리가 주님께 번제헌금을 드리고 묵상하며 답을 찾는다면 반드시 병에 대한 답을 찾을 수 있습니다.

끝으로 이렇게 비전문가인 목사가 전문가보다 더 자세하게 약초에 관한 내용을 책으로 출판할 수 있도록 역사해 주신 하나님께 진심으로 감사를 드립니다. 또한 이 책을 출판할 수 있도록 교정해 준 딸 하나에게도 고맙다는 말을 전합니다.

2022년 7월

서울 순복음 은총교회　오흥복 목사 드림

목/차

제5장 우리 몸에 힐링이 되는 부위별 약초 / 63

제 1 장

세포를 치료하면 모든 병을 치료할 수 있습니다

모든 병의 원인은 세포의 손상과 피(혈액순환)와 관련이 있습니다. 그러므로 본 장에서는 세포에 대하여 살펴보도록 하겠습니다.

1. 세포를 알자

우리 몸은 물(피) 70%와 30%의 세포로 구성되어 있습니다. 세포의 수는 270종에 어린이는 60조 개, 성인은 1백조 개로 되어 있습니다. 간장을 이루고 있는 세포 수만 해도 약 2,500억 개나 된다고 합니다. 이처럼 세포의 수가 많고, 형태도 천차만별이지만 세포의 구조(핵 DNA, 세포질, 세포막, 세포막 표면의 8가지 당 영양소)에 대해 이해하고, 세포 표면의 8가지 당 사슬에 발생한 문제 하나만 해결해주면 병이 더 이상 악화되거나 합병증이 생기는 것을 막아낼 수 있습니다. 한마디로 모든 질병의 원인은 혈액 순환과 세포의 손상으로 발생한 것입니다. 그러므로 우리 몸을 건강하게 하려면 70%의 피를 깨끗하게 하여 혈액순환을 개선하고 30%의 세포를 강건하게 하면 됩니다. 간장(간)이나, 신장(콩팥) 세포의 경우는 70~80%가 손상되어야 비로소 그 증상이 나타난다고 합니다.

그런데 세포의 놀라운 비밀은 세포의 손상이 70% 이상만 손상되지 않으면, 뇌와 심장 세포를 제외하고는 거의 모든 세포가 다 복구하려는 힘과 자생력을 가지고 있어 다른 조치를 취하지 않아도 회복이 된다고 합니다. 예를 들면 소화관 안쪽 벽의 세포는 불과 며칠이면 교체가 되고, 간세포의 경우는 2~3개월이면 전혀 다른 세포로 바뀌고, 심지어 뼈세포 같은 것도 재생되지 않을 것 같아도 끊임없이 분해되었다가 다시 재생되어 새로운 세포가 된다는 것입니다.

2. 면역세포

면역세포는 병원균과 바이러스 등 수많은 외부 침입자와 내부에서 생긴 암세포와 이상세포를 퇴치하는 것인데, 이 면역 세포는 백혈구의 일종으로 우리는 일반적으로 백혈구라 합니다. 그런데 이 면역세포에는 NK세포와 자연 살해세포인 B 림프구와 T 림프구로 되어 있습니다. 이중 NK(브라질너트에 NK세포를 활성시키는 것이 많이 들어 있음)세포는 골수에서 만들어지고, 암세포를 직접 파괴하는 역할을 하고, T림프구는 외부에서 들어오는 바이러스를 죽이는 역할을 합니다. 그런데 암세포는 외부에서 들어온 바이러스가 아니라, 우리 세포가 돌연변이를 일으킨 것으로 보통 건강한 성인에게는 매일 이런 돌연변이 세포가 하루에 3천 개에서 만 개 이상이 생긴다고 합니다. 그런데 우리가 암에 걸리지 않는 이유는 바로 백혈구 속에 있는 면역 세포 중 NK세포가 그것들을 다 잡아먹기 때문입니다. 면역세포는 혈류를 타고 다니며 돌연변이 세포를 잡아먹습니다.

세포의 비밀 중 하나는 세포는 세포핵이라는 유전인자인 DNA와 세포질(단백질)과 세포막(필수 지방)과 세포 표면의 8가지 당 영양소로 구성되어 있는데, 이중 모든 병을 일으키는 원인은 세포핵과 세포막과 세포막 표면의 8가지 당 영양소 때문입니다. 이를 다른 말로 복합당질이라 합니다. 세포는 세포핵과 단백질과 필수 지방과 8가지 당 영양소로 되어 있기 때문입니다. 그러므로 세포 구조를 간단하게 두 단어로 말하면 세포는 세포핵과 복합당질로 구성되어 있다고 할 수 있습니다.

세포질과 세포막과 세포 표면의 8가지 당 영양소의 역할을 구체적으로 살펴보면, 단백질로 구성된 세포질은 세포막을 통해 들어온 각종 영양분인 8가지 당 영양소와 수분과 호르몬을 보관하고, 제품을 만들기도 하고, 쓰레기를 처리하는 역할을 합니다. 하지만 중요한 것은 또한 바이러스나 각종 질병을 양육하는 숙주 장소의 역할을 하기도 합니다. 또한 필수 지방산으로 구성되어 있는 세포막은 수많은 대문을 가지고 있는데, 이 대문은 세포 표면의 8가지 당 영양소의 도움을 받아 대문이 열려, 영양분을 받아들이든지 아니면 질병을 받아들이든지 합니다. 8가지 당 영양소는 세포들과의 대화를 책임지고 있기 때문입니다. 그래서 8가지 당 영양소의 역할이 중요합니다.

만약 세포 표면의 8가지 당 영양소가 건강하면 세포들과 면역세포와의 대화가 잘 이루어져 적군(암세포나 각종 질병 세포)이 침입하면 세포들에게 신호를 보내 집안을 단속하고, 면역세포를 불러들여 암세포나 각종 질병 세포를 잡아먹게 하기 때문입니다. 그런데 만약 세포 표면의 8가지 당 영양소가 부족해 당 영양의 결핍이 오면 세포 표면의 8가지 당 영양소는 세포들에게 신호를 보내지 못해 면역세포가 제대로 활동을 하지 못하게 됩니다. 또한 세포 표면의 8가지 당 영양소가 부족하면 세포들과의 대화만 단절되는 것이 아니라 세포막에 잘못된 정보를 보내 세포막이 적군이나 아군이나 할 것 없이 무조건 대문을 열어주어 암세포를 포함한 각종 감기나 질병과 바이러스를 받아들여 세포질에서 숙주시켜 줍니다. 그리고 다시 숙주가 된 돌연변이 세포들을 세포 밖으로 보내 몸속에 있는 모든 세포에게 전이시켜 각종 질병을 일으키게 합니다. 그래서 세포 표면의 8가지 당 영양소의 역할이 중요합니다.

사람 몸속에 1백조 개의 세포가 있다는 말은 세포핵이 1백조 개가 있다는 말이며, DNA 유전자 정보가 1백조 개가 있다는 말입니다. 다시 말해 만성적인 병과 서서히 진행되는 병이 있는데, 이 만성적인 병은 유전자 핵인 DNA가 변해서 생긴 병이고, 진행성인 병은 세포가 굳어져서 생긴 병입니다. 요즘 유전자치료는 바로 이 세포핵 치료를 말합니다. 그러나 이렇게 비록 세포핵에 이상이 생겨 생긴 병이라도 치료가 가능한데 그것은 바로 세포를 치료하는 것입니다. 다시 말해 세포를 치료하면 자동적으로 세포핵이 치료되어 변질된 유전자가 정상적인 유전자로 활동할 수 있게 됩니다. 그러므로 치료 중 가장 중요한 치료는 바로 세포치료입니다. 한 세포는 10만 개의 8가지 당 영양소로 되어 있습니다. 다시 말해 세포질인 단백질과 필수지방 한 개에 8가지 당 영양소가 붙어 있는데, 이런 것이 한 세포당 10만 개가 된다는 말입니다.

우리가 꼭 기억해야 할 것이 있습니다. 모든 병은 세포가 굳어져서 생긴 것인데, 이렇게 세포가 굳어지면 결국 세포핵에 이상이 생겨 병이 온다는 것입니다. 그러므로 병을 치료하기 위해서는 세포질이라는 단백질을 치료하면 되고, 또한 세포 표면을 구성하고 있는 8가지 당 영양소를 공급해 주면 결국 세포핵이 치료되는 것입니다. 세포 표면의 8가지 당을 치료해 주면 세포막은 정상적인 활동을 하기 때문입니다. 그러므로 병을 치료하기 위해서는 먼저 동물성 단백질을 식물성 단백질로 바꾸어 공급해 주고, 세포 표면에 8가지 당 에너지를 공급해 주면 되는 것입니다. 당뇨라는 것은 이 세포 표면을 구성하는 8가지 당을 세포질에 공급해 주지 못해 생긴 병입니다. 이렇게 세포질에 당을 공급해 주는 주유기의 역할을 하는 인슐린이 분비되지 못하기 때문입니다. 이 부분은 저의 책 "암, 아토피, 성인병은 더 이상 불치병이 아니다"라는 책을 참고해 주셨으면 합니다.

3. 모든 병의 원인

말씀드렸듯이 모든 병의 원인은 세포가 굳어져 DNA 변형이 와서 생긴 것인데, 이는 표면적으로 나타난 것으로 실제로는 6대 영양소의 결핍으로 모든 병이 생기는 것입니다. 다시 말해 병은 영양 불균형의 문제 때문에 세포가 굳어져서 생긴 것이며, 영양의 불균형 때문에 피가 깨끗하지 못해 생긴 것이며, 영양의 불균형(8가지 당 영양소) 때문에 면역세포가 제 역할을 하지 못해 생긴 것입니다.

그러므로 모든 병의 원인은 사실 바이러스나 암세포와 같은 돌연변이 세포나, 세포가 굳어져서 생긴 것처럼 보이지만 사실은 6대 영양소의 불균형 때문에 생긴 것입니다. 피가 깨끗하지 못한 것은 피를 깨끗하게 정화시키는 음식을 먹지 않아서 생긴 것이며, 또한 암세포가 활동하는 것은 NK 세포를 활성화 시키는 음식을 먹지 않아서 생긴 것이며(브라질너트), 또한 세포가 굳어지는 것은 세포를 형성하게 하는 음식을 먹지 않아서 생긴 것입니다. 그러므로 모든 병의 원인은 피가 깨끗하지 못해서도 아니며, 세포가 굳어져서도 아닌 6대 영양소의 불균형 때문에 생긴 것입니다.

우리가 흔히 6대 영양소라 하면 아미노산이라는 단백질, 당질이라 하는 탄수화물, 무기질이라는 미네랄, 비타민, 필수 지방산, 그리고 섬유질을 말합니다. 이 중 3대 영양소는 단백질과 탄수화물과 미네랄이며, 5대 영양소는 6대 영양소에서 섬유질을 뺀 것입니다. 이런 6대 영양소의 활동을 보게 되면, 영양의 불균형이 만병의 근원이라는 것을 쉽게 알 수 있습니다. 예를 들면 탄수화물이라는 당질(8가지 필수당 영양소)은 이물질이라는 암세포와 같은 내부 돌연변이 세포나 외부에서 들어온 병균을 직접 공격하지는 않습니다. 그러나 이 탄수화물(8가지 당 영양소인 만나를 말함)이 없으면 면역세포는 눈을 멀게 됩니다. 그래서 아무리 면역세포가 건강하다 할지라도 그 면역세포는 눈 봉사가 되어 옆에 있는 이물질이라는 병균이 있어도 잡아먹지 못하게 되는 것입니다. 또한 비타민이 없으면 세포들이 활발하게 움직이지 못해, 역시 면역체계에 이상이 오게 되어 있고 미네랄이 없으면 NK세포가(면역세포) 만들어지지 않습니다. 그러면 결국 병에 걸려 죽게 됩니다. 그런데 이런 중요한 역할을 하는 NK세포를 만드는 곳이 바로 뼈입니다. 그런데 뼈는 바로 미네랄의 도움을 받아 면역세포를 만듭니다. 그러므로 미네랄이 부족하면 면역체계에 이상이 오게 되어 있습니다.

또한 세포막을 구성하는 필수 지방산은 우리 몸에서 소

염제 역할(오메가-3와 호두, 포도 씨, 살구 씨, 콩)을 하며, 손상된 세포막을 되살려 주는 역할을 하는데 만약 이 필수 지방산의 도움이 없으면 우리의 세포는 원상태로 복구되지 않게 됩니다. 또한 섬유질은 우리 몸의 소화와 장운동과 다이어트에 영양을 주고 있어 대소변을 시원하게 보게 하는 역할을 하고 있습니다. 그리고 단백질은 우리 몸의 성장과 혈액유지와 뼈의 결합에 많은 영향을 주고 있습니다. 한마디로 모든 세포에서 단백질이 발견되고 있는데, 심지어 암세포에서도 단백질이 발견되고 있습니다. 우리가 피곤한 이유도 사실은 단백질 부족으로 오는 경우도 있습니다. 암세포를 한마디로 말하면 단단한 식물성 단백질이 아닌 동물성 단백질로 되어있다고 합니다. 그래서 이 단백질이 3대 영양소 중 가장 먼저 나오는 것입니다. 이렇게 단백질은 우리 몸을 구성하는 데 있어 아주 중요한 영양소입니다. 이렇게 6대 영양소는 크고 작게 우리 몸에서 거미줄과 같이 연결되어 활동하고 있습니다. 그러므로 모든 병의 원인이 6대 영양소의 결핍에서 왔다고 해도 이는 결코 잘못된 주장이 아닙니다. 그런데 약초가 바로 이런 6대 영양소를 공급해 주는 것입니다.

결론적으로 말씀을 드리면 모든 질병의 원인은 피와 세포가 굳어져서 생긴 병입니다. 그렇다면 우리가 할 일은 피를 맑게 하고, 굳어진 세포를 재생시키기만 하면, 결국 모든 병은 다 치료될 수 있는 것입니다. 그렇다면 세포를 치료하기 위해서는 어떻게 하면 될까요?

첫째로 세포질을 치료하면 됩니다.

세포질은 동물성 단백질에서 약초와 채소인 식물성 단백질을 먹으면 됩니다.

둘째로 세포막을 치료하면 됩니다.

세포막은 필수 지방인 오메가-3 제품과 레시틴과(정확히 말하면 필수 지방은 아니지만 이해하기 쉽게 필수 지방산의 일종이라 보면 되는데, 이 레시틴이 중요한 이유는 우리 뇌의 30%를 차지하고 있기 때문이며, 계란 노른자에 많이 함유되어 있습니다.) 호두나 포도 씨나 살구 씨나 콩과 약초 등을 먹으면 됩니다.

셋째로 NK세포를 활성화 시키면 됩니다.

그런데 이 NK(브라질너트)세포는 뼈에서 만들어집니다. 그러므로 뼈를 튼튼하게 만들어 주는 미네랄을 약초와 야채를 통해 많이 먹으면 됩니다.

넷째로 세포 표면에 필요한 8가지 필수 당 영양제를 약초와 음식을 통해 공급해 주면 됩니다.

하나님이 우리에게 주신 약초나 음식에는 피를 맑게 하는 식품과 세포질과 세포막을 살리는 식품과 세포 표면에 필요한 영양을 공급해 주는 모든 처방전이 다 들어있습니다. 다만 그 약초를 발견하지 못해 지금 질병으로 고생하고 있는 것이며, 또한 약초를 발견했어도 그 약초의 효능을 믿지 못해 먹지 않아서 치유를 받지 못하고 있는 것입니다. 그런데 바로 한국의 약초들이 이 세포를 치유해 주고 재생시켜 주는 역할을 할 것입니다.

제 2 장

인생의 문제와 건강의 문제도 3가지만 해결되면 된다

모든 문제는 세 가지 문제만 해결되면 다 해결됩니다. 그것은 인생의 문제라고도 하는 영혼의 문제와 물질의 문제와 질병의 문제입니다. 이 세 가지 문제만 해결되면 인생은 아무 문제 없이 살 수 있습니다. 그래서 이 세 가지 문제를 다른 말로 인생의 문제라고도 하고 율법의 저주라고도 합니다. 우리 생각으로는 영혼의 문제만 해결되면 모든 문제가 다 해결될 것 같지만 그렇지 않습니다. 영혼의 문제가 해결되었다고 해도 물질의 문제가 해결되지 않고 건강의 문제가 해결되지 않으면 역시 행복하지 않습니다. 또한 물질의 문제만 해결되면 행복할 것 같아 보이지만 역시 물질의 문제가 해결되었다고 해도, 영혼의 문제와 건강의 문제가 해결되지 않으면 인간은 행복하지 않습니다.

그렇다면 이 영혼의 문제와 물질의 문제와 건강의 문제를 어떻게 해결할 수 있을까요?

첫째로 영혼의 문제는 예수 믿고 하루 10분만 통성으로 기도하면 됩니다.

요삼1:2에서 말하는 것 같이 우리 사람은 영적 존재이기에 먼저 영혼의 문제가 해결되지 않으면 물질이 풍족하고, 건강하다 할지라도 뭔지 모르게 불안하고, 두렵고, 일이 잘 풀리지 않게 되어 있습니다. 그래서 돈 많은 그룹 회장과 유명 연예인들이 자살하는 것입니다. 그들이 돈이 없고 건강하지 못해 자살했겠습니까? 아닙니다. 그들은 단지 영혼의 문제를 해결하지 못해 자살한 것입니다. 예수님을 진짜 영접하고 믿으면 영혼의 근본 문제는 해결되게 되어 있습니다. 이렇게 예수님을 믿으면 영혼의 근본 문제인 구원의 문제는 해결되지만 그렇다고 해서 영혼의 갈증까지 다 해결되는 것은 아닙니다.

예수님을 믿는 것은 마치 신생아와 같이 태어난 상태이기 때문입니다. 다시 말해 영혼이 예수님을 믿는다는 말은 아이가 신생아로 태어난 상태라는 말입니다. 아이가 태어났다고 해서 그 아기는 스스로 자라는 것이 아닙니다. 그냥 방치하면 곧 굶주려 죽든, 병들어 죽는 것과 마찬가지입니다. 우리가 예수님을 믿는다고 해서 영혼이 그냥 스스로 알아서 잘되는 것이 아닙니다. 아이가 자라기 위해서는 젖을 먹고, 좋은 환경을 만들어 주어야 자라는 것 같이 내 영혼이 잘되게 하기 위해서는 역시 내 영혼을 내가 돌봐줘야 합니다. 그렇지 않으면 예수님을 믿음에도 불구하고, 영혼이 행복하지 않고 답답할 수 있습니다. 그래서 시편 기자는 '내 영혼아 깰지어다'라고 말합니다. 다시 말해 시편 기자는 시편을 쓸 정도로 믿음이 있는 자였습니다. 그럼에도 불구하고 시편 기자는 자기 영혼을 자기가 깨우고 있습니다. 예수님을 믿는다고 해도 내가 내 영혼을 매일 깨우지 않으면 안됩니다. 그런데 이렇게 내 영혼을 깨우는 방법은 내 영혼에 양식을 주면 됩니다. 내 영혼에 양식을 공급해 주면 내 영혼은 날마다 깨어있게 됩니다.

그렇다면 어떻게 하는 것이 내 영혼에 양식을 주는 것일까요? 아이가 자라기 위해서는 젖과 좋은 환경이 있어야 하는 것 같이 우리 영혼도 예수 믿는 것만으로는 자라지 않습니다. 우리 영혼을 자라게 하기 위해서는 영혼을 깨우는 양식을 주어야 합니다. 그것이 바로 성경 말씀과 기도입니다. 우리가 말씀을 알지 못하면 주기도문이라도 하루에 한번 고백해야 합니다. 이것이 영혼의 기본 양식(말씀)인 것이 되기 때문입니다.

자, 그렇다면 이렇게 영혼에 양식(말씀, 주기도문)을 주었다고 해서 그 영혼이 성장할 수 있느냐는 것입니다. 아이가 자라기 위해서는 젖(말씀, 주기도문)이라는 양식도 필요하지만, 또한 좋은 공기(환경)도 필요합니다. 만약 좋은 환경인 공기를 제공하지 않으면 민감한 아이는 아마 금방 죽게 될 것입니다. 마찬가지입니다. 아기에게 젖(말씀)만 주었다고 해서 아기가 자라지 못하는 것 같이 우리 영혼도 양식(말씀, 주기도문)만 먹고 자라는 것이 아닙니다. 바로 좋은 환경인 산소를 공급해 주어야 합니다. 그런데 이 산소가 바로 기도입니다.

그러므로 이제 우리가 할 일이 있는데, 그것은 첫째로 예수님 믿는 것이고, 둘째로 내 영혼에 양식인 말씀(주기도문)을 먹는 것이고, 셋째로 내 영혼을 매일 기도로 깨우는 것입니다. 그런데 이 기도는 많이 하면 할수록 좋지만 기도할 수 있는 여건과 시간이 안 되면 하루 10분 만이라도 '주여!'를 하든 '예수여!'를 하든 아니면 '아버지여!'를 하든 어쨌든 하루 10분 정도만 통성으로 크게 아무 생각 없이 그저 부르짖기만 해도 됩니다.

자, 그렇다면 통성으로 "주여" 할 때 어느 정도 크기로 해야 할까요? 그것은 우리가 산에 올라가 “야호” 할 때의 크기로 10분만 하면 됩니다. 이렇게 하루 10분만 기도하면 내 영혼은 깨어 있게 되고, 기분이 상쾌하고, 형통하게 되고, 우울증도 날아가 버리고 건강도 회복되고, 돈도 따라오게 되어 있습니다. 그런데 성도들은 이것을 모릅니다. 그래서 기도하라 하면 속으로만 하거나 작게 하는데 그렇게 하면 영혼이 깨지 못해 기도해도 답답하고 일이 잘 풀리지 않게 되는 것입니다. 그러므로 이제 기도를 해도 먼저 내 영혼을 깨워놓고 해야 합니다.

이렇게 내 영혼을 깨워놓고 하는 기도가 바로 “주여”만 아침에 10분 크게 부르는 것입니다. 이렇게 영혼을 깨워 놓고 기도하면 하루가 상쾌하고, 모든 문제가 다 해결되고, 소화불량에 걸린 분들은 트림이 나오기 시작하여 소화제가 필요 없게 됩니다. 이렇게 하루 10분 통성으로 기도하는 것만으로도 우리 영혼을 깨울 수 있고, 건강도 지킬 수 있고, 하루를 활기차게 보낼 수도 있고, 마귀도 떠나고, 귀신도 떠나고, 천사를 동원 시킬 수 있는데 그런데 우리는 바쁘다는 이유로 하루 10분을 통성으로 기도하지 못합니다.

그래서 건강도 잃고, 시험에 들고, 기분도 나쁘고, 마귀가 틈타고, 귀신도 틈타고, 하루가 불통하게 됩니다. 이렇게 하루 십 분 아무 생각 없이 그냥 크게 주여 하고 외치기만 해도 하루 종일 형통이 찾아오고 영혼이 깨어있는 상태가 되는데 우리는 이것을 잘 알지 못해 그렇게 하지 않고 있습니다. 그래서 하루가 짜증나고 불통이 찾아오는 것입니다. 그러므로 영혼이 잘되고 물질의 복을 받고 건강의 복을 받기 원한다면 더도 말고 하루 10분만 투자해 '주여!'를 불러보시길 바랍니다. 그러면 당신 영혼이 살고 깨어 하루 종일 감사와 찬양이 나오게 될 것입니다. 이 말이 사실인지 아닌지는 한번 해보시면 알게 될 것입니다.

둘째로 물질의 문제는 하루 1시간만 묵상하면 됩니다.

영혼이 잘되게 하려면 하루 10분만 투자해 "주여"만 큰 소리로 하면 된다고 했는데 물질의 복은 하루 한 시간만 묵상하면 받게 되어 있습니다. 저는 가끔 우리 성도들에게 이런 말씀을 드립니다. 기도하는 사람도 망할 수 있고 성령 충만해도 망할 수 있지만 묵상하는 사람은 절대로 망하지 않는다고 말입니다. 이 말은 사실입니다. 제가 기도와 성령 충만을 과소평가해서 이런 말씀을 드리는 것이 아니라 오히려 기도와 성령 충만의 전문가로서 이것이 사실이기에 사실대로 말씀드리는 것입니다. 기도하고 성령 충만해서 사업이나 어떤 일을 진행하면 자칫 감정으로 움직일 수 있게 됩니다. 그러면 실패할 수 있습니다. 감정에 도취되어 있으면 눈앞에 있는 것만 보이지 다른 것은 일절 보이지 않기 때문입니다. 그러나 사업과 성공은 감정으로 하는 것이 아니라 이성으로 하는 것입니다. 그래서 묵상이 필요한 것입니다.

저는 돈 문제가 생기면 하나님께 돈을 달라고 한 달 정도 떼를 쓰며 기도도 하고 변증도 하며 하나님을 공갈 협박하듯이(그렇다고 오해하지 마세요. 이는 하나님께 저의 사랑을 고백하는 기도 방법의 하나기에 자세히 설명해 드릴 수 없고 요약하자면 그렇다는 것입니다.) 하며 기도합니다. 여러분들도 아마 저처럼 기도할 것입니다. 그래도 돈이 오지 않습니다. 그러면 그때부터 제가 하는 것이 있습니다. 그것은 묵상입니다.

이제 성령님과 함께 깊은 묵상의 시간을 갖습니다. 하루 2~3시간을 묵상하며 며칠을 보냅니다. 그리고 성령님께 묻습니다. 어떻게 물꼬를 열어야 합니까? 하고 말입니다.

그러면 성령님께서 돈이 들어올 수 있는 물꼬를 여는 방법을 영감으로 주십니다. 그러면 그 영감을 가지고 곧 시행합니다. 그러면 틀림없이 돈이 옵니다. 이것은 제가 지난 15년 동안 실험을 통해 확인한 것으로 정확하고 한 번도 빗나간 적이 없는 100% 응답 받은 사실입니다.

사실 따지고 보면 돈을 달라고 기도하는 것은 아무 의미 없는 기도입니다. 돈 문제는 돈을 달라고 하는 기도로 되는 것이 아니라 묵상해서 나온 영감을 가지고 물꼬를 얼마나 잘 여느냐에 달려 있기 때문입니다. 그래서 저는 가끔 이런 말을 합니다. "돈을 달라고 기도하지 말고 묵상해서 영감을 달라고 기도하라"고 말입니다. 이렇게 영감을 달라고 기도하면 진짜 물꼬를 열 수 있는 영감이 옵니다. 그리고 그 영감을 시행합니다. 그러면 돈이 옵니다. 그러므로 여러분도 하나님께 돈을 달라고 기도하지 말고 오히려 그 시간에 묵상해서 영감을 받아 그것을 가지고 어떻게 하면 물꼬를 열까 하고 묵상하시기 바랍니다. 돈 달라고 기도하는 것은 사실 메아리와 콧노래같이 아무 의미 없는 기도에 지나지 않습니다.

이렇게 묵상해서 물꼬를 여는 방법은 저의 책 "이젠 돈 걱정 끝"과 "한국의 탈무드 1~3권"에 잘 나와 있으므로 여기서는 지면 관계상 묵상의 중요성만 말씀드리도록 하겠습니다. 우리가 묵상하라 하면 대부분 말씀만 묵상합니다. 그러나 묵상이라는 히브리어 '하가'라는 말은 말씀만 묵상하는 것이 아니라 공부방법도 묵상하고, 사업도 묵상하고, 직장도 묵상하게 되어 있습니다. 그러므로 제가 묵상하라는 말씀은 말씀만 묵상하라는 말씀이 아닙니다.

말씀 묵상은 주기도문을 고백하는 것과 당신이 지금 처한 환경에 맞는 말씀을 붙들고 고백하면 되고 나머지는 당신의 사업과 문제 해결을 위해 성령님과 의논하며 묵상해야 합니다. 다시 말해 성령님께 당신의 문제를 가지고 질문하고 떠오르는 생각들을 정리하면 됩니다. 그러면 그것이 묵상이며 그 떠오른 생각들을 잘 정리하면 그것이 바로 영감이 되고, 지혜가 되고, 마케팅 전략이 되고, 성공의 아이디어가 되는 것입니다.

그러므로 묵상을 너무 두려워하지 마시기 바랍니다. 우리가 묵상을 두려워하는 이유는 말씀만 묵상하라 해서 그런 것입니다. 그러므로 이제부턴 묵상할 때 말씀에 대한 부담은 떨쳐 버리시고 성령님께 당신의 문제를 의논하며 묵상해 보시길 바랍니다. 이렇게 하루 한 시간만 묵상하면 당신이 실패하려 해도 절대로 실패하지 않게 됩니다. 그래서 제가 묵상하는 자는 결코 실패하거나 망하지 않는다고 한 것입니다.

이런 묵상의 구체적인 방법을 알고 싶으시면 저의 책 "한국의 탈무드 1~3권"을 꼭 구매하셔서 읽어보시길 바라고 물질의 물꼬를 열고 싶다면 "이젠 돈 걱정 끝"이란 책을 꼭 구매해서 읽어 보시길 바랍니다. 이 책들에는 묵상의 방법과 물질의 물꼬를 여는 방법이 잘 나와 있기 때문입니다.

이제 여러분이 두 가지를 하면 절대로 실패하지 않을 것입니다. 첫째는 앞에서 말씀드린 것과 같이 하루 한 번 주기도문을 주어 3인칭을 일인칭으로 바꾸어 고백하면 되고, 10분만 통성으로 기도하면 됩니다. 둘째는 하루 1시간만 묵상하면 됩니다. 이렇게 하는 것이 만약 습관만 된다면 당신은 이제 절대로 망하고 실패하고 싶어도 망하거나 실패하지 않게 됩니다.

셋째로 건강의 문제는 축사기도와 음식과 하루 8천보만 걸으면 됩니다.

건강의 문제는 네 가지만 알면 다 치료가 됩니다.

첫째는 하루 10분만 있는 힘을 다해 "주여"만 크게 부르면 됩니다.

둘째로 축사 기도를 하루에 한 시간만 하면 됩니다.

축사 기도란 예수님의 이름으로 질병 귀신을 쫓아내는 기도인데 이 축사 기도를 다른 말로 능력 기도라 합니다. 그러므로 능력 기도를 하고 싶으시면 하루 한 시간씩 "예수님의 이름으로 질병 귀신은 떠나가라"고 물리치면 됩니다. 우리는 능력 기도를 하나님께 받는 것으로 아는데 그렇지 않습니다. 이미 우리는 예수님을 주님으로 영접할 때 하나님의 자녀가 되는 권세를 받았습니다. 그러므로 이미 이 능력 기도는 우리 모두 소유하고 있는 것입니다.

그러나 우리가 이 능력 기도를 사용하지 않아서 문제가 되는 것입니다. 다시 말해 우리가 예수님의 이름으로 질병과 문제 귀신을 쫓아내지 않기에 능력이 없는 것이지 능력을 받지 못해서 못하는 것이 아닙니다. 그러므로 능력 기도로 능력을 행하시길 원하시면 누구든지 예수님의 이름으로 명령해 보십시오. 그러면 질병이 치료되고 문제가 해결되는 것을 느끼게 될 것입니다. 로마의 격언에 "권리 위에 잠자는 자는 보호 받지 못한다"라는 말이 있습니다. 이 말은 우리에게 예수 이름이라는 권세(권리)가 있는데도 불구하고 이 권세를 사용하지 않으면 마귀와 귀신으로부터 보호받지 못한다는 말입니다.

저는 이 능력 기도인 축사를 통해 수도 없이 많은 병을 치료받았습니다. 때로는 축사를 하자마자 귀신이 떠나가는 것을 체험했고 때로는 축사를 하자 환상이 열려 귀신이 떠나가는 것을 보았으며, 치료되는 것을 수도 없이 체험했습니다. 그러므로 당신이 무슨 병에 걸렸든지 그것이 설령 불치병이나 암이라 할지라도 걱정하실 필요가 없습니다. 예수님의 이름으로 하루 한 시간씩 능력 기도인 축사를 하면 어떤 귀신이든지 다 떠나가고 병은 다 치료받을 수 있기 때문입니다.

제가 체험한 것 중 가장 능력 있으면서도 귀신이 쉽게 떠나가고 응답받는 기도가 있는데 그것은 마18:19-20절입니다. 마18:19-29절을 보면 "진실로 다시 너희에게 이르노니 너희 중의 두 사람이 땅에서 합심하여 무엇이든지 구하면 하늘에 계신 내 아버지께서 그들을 위하여 이루게 하시리라, 두세 사람이 내 이름으로 모인 곳에는 나도 그들 중에 있느니라"하며 어떤 문제든지 두 사람이 합심하여 능력기도를 하면 "기도하는 그들을 위하여 이루게 하시리라"하고 있습니다. 다시 말해 우리가 두 사람이 합심해서 능력기도인 축사를 하면 응답받지 못하는 기도가 없다는 것입니다. 그래서 그런지 문제가 있을 때 우리 가족들이 합심해서 기도했을 때 100% 다 응답을 받았습니다. 능력기도를 하실 때 두 사람이 합심해서 해 보세요. 그러면 응답받지 못하는 치유는 없을 것입니다.

제가 만약 힐링 센터를 하게 된다면 환자들을 모아놓고, 이 합심해서 하는 능력기도를 해 보고 싶습니다. 100%응답을 받게 되어 있기 때문입니다. 그런데 이 합심 능력기도도 그냥 통성으로 하는 것이 아닙니다. 몇 가지 방법이 있는데 그 방법대로 지속적으로 하루에 한 시간씩 하게 되면 어떤 병이든 100% 치료된다고 경험상 자신 있게 말씀 드릴 수 있습니다. 그러므로 약초나, 양약이나, 식이요법을 하시면서도 이 능력기도를 한번 해보시길 바랍니다. 반드시 두 사람 이상이 해야 합니다. 혼자 이 능력기도를 해도 치료는 되지만 그러나 두 사람이 합심해서 하는 것보다 혼자하면 더 많은 시간이 걸립니다.

셋째는 좋은 음식이나 산 약초를 먹으면 됩니다.

우리가 약초를 먹거나 식이요법을 해야 하는 이유는 모든 병은 대부분 음식과 악한 영에 의해 온 것이기 때문입니다. 그래서 악한 영에 의해 병이 왔을 때는 우리가 합심해서 능력기도인 축사 기도를 하면 기도하는 동안 악한 영이 떠나 병이 치료되는 것입니다. 문제는 우리가 아무리 축사 기도를 해도 치료되지 않는 병이 있습니다. 이런 병은 대부분 음식을 통해 온 병들입니다. 그래서 이런 경우에는 약이나 약초를 먹으면 병을 치료할 수 있습니다.

제가 능력기도인 축사 기도를 하며 놀라운 사실을 하나 발견했습니다. 그것은 우리가 모든 병을 그냥 귀신에 의한 것이라 믿고 축사기도만 몇 개월 지속적으로 하게 되면 귀신에 의한 병이 아닐 때는 축사를 해도 낫지 않았는데 하나님이 그런 때는 천사(여기서는 사람을 의미함)를 보내 주셔서 약초나 좋은 음식을 가지고 와 자연치유가 되게 해주십니다. 다시 말해 우리가 귀신에 의한 질병이 아니더라도 축사를 계속하면 결국엔 하나님이 약초를 만나게 해주셔서 치료받게 해 주십니다. 그래서 모든 병의 원인이 귀신에 의한 것은 아니지만 그냥 귀신에 의한 것이라 취급하고 축사 기도를 하는 것이 중요합니다. 이렇게 계속하면 반드시 하나님이 천사(사람)를 통해 약초를 만나게 해주셔서 치료받게 해 주시기 때문입니다.

넷째는 하루 8천보 이상을 걸으면 회춘합니다.

행3:6절을 보면 "베드로가 이르되 은과 금은 내게 없거니와 내게 있는 이것을 네게 주노니 나사렛 예수 그리스도의 이름으로 일어나 걸으라"하며 성전 미문에 있는 앉은뱅이를 치료해 주었습니다. 여기서 "걸으라"는 말이 헬라어로 "페리파테오"인데 이는 "걷다. 행동하다"로 되어 있는데 이를 다른 말로 하면 '운동하라'는 말입니다. 이 앉은뱅이는 베드로의 말을 듣고 결국 일어나 걷습니다. 그러자 그의 병은 치료가 되었습니다. 이 말을 원어대로 해석하면 그가 베드로의 말을

> 듣고 일어나 운동하기 시작하자 치료가 되었다는 말입니다. 의사들은 말하길 하루 8천보 이상을 걷게 되면 모든 병이 치료되고 회춘이 찾아온다고 합니다. 그러므로 여러분들 중 혹시 중병으로 고생하는 분이 있습니까? 그러면 베드로가 주님의 이름으로 명령한 것 같이 그 말씀을 믿고 일어나 걸으십시오. 그것도 하루 8천보 이상씩 말입니다. 그러면 모든 병은 반드시 치료되고 회춘이 찾아올 것입니다.

"나는 자연인이다"라는 프로를 보면 자연인들이 산에 들어온 이유 중 대부분 병원에서 암이나 기타 질병으로 사형선고를 받고 들어왔다고 합니다. 그후 산에서 약초를 캐먹고, 약초를 찾아 하루 종일 산을 헤맵니다. 그러다 보면 암을 비롯한 모든 질병이 다 치료되었다는 것입니다. 여기서 우리가 관심을 가져야 할 것이 있습니다. 그것은 자연인들이 약초를 먹었다는 것과 약초를 찾아 하루 종일 산을 거닐었다는 말입니다. 다시 말해 약초와 더불어 운동을 하자 몸이 치료되고 회춘이 찾아 왔다는 것입니다. 그러므로 혹시 이 책을 보시는 분들중에 중병으로 고생하시는 분이 계시면 아프다고 누워만 있지 마시고 자연인들과 같이 운동하시길 바랍니다. 하루에 8천보 이상만 말입니다. 그러면 몸은 치료되고 회춘이 찾아올 것입니다.

결론적으로 말씀드리면 우리가 예수님을 주님으로 영접하고, 번제 헌금을 드리고, 능력기도인 축사 기도를 하고, 좋은 약초를 먹으며 하루 8천보 이상 걸으면 반드시 우리 병은 치료가 될 것입니다.

제 3 장

약이 없는 병은 없다

1. 제가 약초에 관심을 갖게 된 동기

제가 약초에 관심을 갖게 된 동기는 다음과 같습니다. 저는 아직 젊지만 40대 중반(2013년 기준)을 넘으면서 그렇게 자신 있던 건강에 염려가 생길 때가 많아졌습니다. 밥을 먹으면 소화가 잘 되지 않고 이곳저곳 아프기도 했습니다. 그때마다 능력기도의 방법으로 병원에 가지 않고 다 치유를 받곤 했습니다. 그런데도 가끔 무릎도 아프고 탈장 수술 후 급성 폐렴으로 인해 폐도 좋지 않고 가슴도 답답하고, 20살 때부터 나오던 혈변이 이제는 일주일에 3번씩 나오는 것이었습니다. 제가 이렇게 혈변이 나오자 어떤 목사님은 “이는 암의 징조다” 하시는 분도 계셨습니다.

제가 알고 있는 상식도 역시 혈변이 나오면 암일 확률이 높다는 것이었습니다. 그러니 심리적으로 제가 얼마나 불안했겠습니까? 혈변이 나올 때마다 심리적으로 다가오는 압박은 말도 못했습니다. 그러나 건강진단은 받지 않았습니다. 암 선고라도 받을까 두려웠습니다. 화장실에 갔다 오면 얼굴이 창백해졌고 화장실 가는 것이 두려웠습니다. 거기다 탈장 수술을 받은 곳이 가끔 좋지 않게 당기기도 했고, 급성 폐렴으로 인한 후유증으로 양쪽 폐가 뭐에 걸려 있는 것 같이 답답했습니다. 그래서 그때부터 일주일에 두 세 번씩 등산을 했습니다. 감기에 걸릴까 봐 전전긍긍하기도 했습니다. 청교도들이 메이플라워호를 타고 신대륙인 미국에 가는 동안 죽은 사람의 대부분이 폐렴으로 죽었기 때문이며 또한 의사들의 말에 의하면 노인들이 폐렴에 걸리면 인생의 종착역이라 했기 때문이었습니다.

이런 일련의 불안은 말도 못하게 저의 심리를 압박했습니다. 그래서 이 문제를 놓고 축사와 선포 기도를 하면서 성령님께 "성령님! 이 문제를 어떻게 해야 합니까?"하고 그분과 의논을 했습니다. 혹시 잘못된 병은 아닌가 하고 말입니다. 이런 부정적인 생각조차 하지 말아야 하는데 말입니다. 이런 부정적인 생각을 품고 성령님께 "성령님! 어떻게 해야 합니까? 왜 해결되지 않습니까?"하고 성령님께 질문하며 기도했습니다.

이런 가운데 고향에 가게 되었습니다. 저의 아버지께서는 약 30년 간 표고버섯 재배를 하시다가 연세가 많으셔서 은퇴하시고 그다음부터 한국의 약초와 야생풀에 관심을 가지고 연구하셨습니다. 그리고 환을 만들어서 저에게 주셨습니다. 저는 처음 아버지를 믿지 못해 6개월 동안 먹지 않고 보관하다 탈장 수술을 받고 폐렴에 걸린 후 아무것도 먹지 못하는 상태에서 아버지께서 주신 비단풀 환을 먹게 되었습니다. 처음에는 마지못해 이것이라도 먹고 힘을 내야지 하는 지푸라기라도 잡는 심정으로 조금씩 먹었습니다. 저희 아버지께서는 버섯 재배를 하시면서 경운기를 운전하다 졸도하셔서 경운기에서 떨어져 죽을 뻔 한 경우가 몇 번 있었습니다. 그때가 지금부터 약 12년(2013년 기준) 전의 일이었습니다. 몸이 쇠약해진 아버지께서는 이제 더 이상 버섯 재배를 하실 수 없었습니다. 그때부터 아버지께서는 약초에 관심을 가지고 약초와 야생풀에 관한 책을 사서 연구하시며 산과 들을 다니며 약초와 풀을 캐다 밭에 심기 시작했습니다.

그리고 아버지 스스로 그것을 가지고 환으로 조제해 드시기 시작했습니다. 그 후 12년이 지난(2013년 당시) 지금 저의 아버지께서는 얼마나 건강하신지 100수를 하시고도 남을 만큼 건강하십니다. 그 후 단 한 번도 병원에 입원하거나 감기에 걸리지도 않으셨습니다. (2013년 7월 아버지 뇌를

CT와 MRI 촬영을 했는데 연세가 78세인데도 50대의 뇌혈관을 가지고 계시다 할 정도로 건강하다고 나왔습니다.) 저는 아버지께서 환으로 조제하신 그 비단풀 환을 먹으며 자신감을 가졌습니다. 그리고 조금 더 많이 복용하기 시작했습니다(2008년 때). 아버지를 보니 더 이상 의심할 여지가 없었기 때문이었습니다. '그렇게 약하셔서 경운기를 운전하시다가 몇 번이나 졸도를 하셨던 분이 저렇게도 건강하시다니 이 환은 틀림없다'하는 생각이 들었습니다. 그리고 그 환을 아침저녁으로 복용했습니다. 알고 보니 비단풀을 먹고 암에서 치료받은 분들이 많이 있었습니다.

제가 탈장 수술을(2008년 4월에) 받은 후 급성 폐렴으로 죽었다가 살아났다고 했는데 그 후 등산을 만 2년 넘게 했습니다. 그런데도 양쪽 폐가 시원하지 않고 뭔가 막혀 있는 느낌이 들었습니다. 그러다 몇 년 전(2010년) 약초 관계로 고향에 다녀오게 되었는데 아버지께서 캡슐로 만든 환을 내밀면서 이는 암, 폐와 기관지, 천식을 치유하는 봉삼(백선피)으로 만든 것이니 한 번 먹어 보라 하셨습니다. 그날 저녁 저는 집으로 돌아와 그 환을 먹었습니다. 처음에는 가슴이 더 답답한 느낌이 들었습니다. 그런데 조금 있으니 2년 동안 막혀있던 양쪽 폐에서 뻥하고 뚫리는 것 같은 느낌이 들면서 불과 20분 만에 치료를 받았습니다(2010년). 그래서 지금은 폐의 기능이 얼마나 좋아졌는지 등산이 필요 없을 정도가 되어 등산을 하지 않게 되었습니다(2013년 기준).

드라마 〈허준〉을 보면 허준이 죽어가는 사람을 살리는데 봉삼(백선피)으로 살렸고, 〈태조 왕건〉이라는 드라마에서도 나옵니다. 왕건이 후백제의 견훤을 항복시키기 위해 견훤의 아버지 아자개가 병들어 죽게 되었을 때 1000년 묵은 산삼을 아자개에게 하사해 죽을병에 걸린 아자개를 치유하는 장면이 나오는데 그때 왕건이 하사한 1000년 묵은 산삼이 바로 이 봉삼이었다는 것입니다. 결국 아자개는 이 봉삼을 먹고 죽을병에서 살아난 후 아들 견훤을 항복시키는데 결정적인 역할을 하게 되어 후삼국을 왕건이 통일하게 만듭니다. 심마니들이 산삼을 발견하면 "심 봤다"라고 하는데 원래 이 "심 봤다"라는 말의 유래가 바로 이 봉삼에서 비롯되었다고 합니다.

참고로 말씀드리면 이 책은 2013년도 발행이 되었다가 내용을 교정한 후 2022년에 재발행 된 책입니다. 또한 봉삼의 약효는 다른 약초의 1000대 1로 좋지만 간이 좋지 않은 분들에게는 위험성이 있으니 조심해서 복용하시길 바랍니다.

2. 약이 없는 병은 없다

암이란 종양(腫:종기 종, 瘍:헐 양)이라 해서 '종기 종'자에 '헐 양'이라 해서 피부가 곪으면서 생긴 큰 부스럼이란 사전적인 뜻이 있는데 이를 한마디로 하면 염증을 말합니다. 즉 낫지 않는 염증이 암인 것입니다. 치매와 파킨슨도 뇌의 염증 때문에 생긴 병이라 합니다. 그러므로 암은 결국 염증만 잡으면 해결된다고 보면 됩니다. 그뿐만 아니라 우리의 피부가 노화하는 이유도 사실 염증 때문입니다. 그러므로 염증만 잡으면 피부의 노화도 막을 수 있다고 보면 됩니다. 관절염, 결막염, 비염, 축농증, 간염, 위장염, 장염, 그리고 종양 등 모든 병을 살펴보면 거의 모든 병명에 "염"즉 염증이라는 말이 다 들어갑니다. 이는 모든 병의 근본이 염증이기 때문입니다. 그래서 어떤 병이든지 먼저 염증을 잡으면 미연에 방지할 수 있고 모든 병을 치유할 수 있다고 보면 됩니다. 모든 병의 근본 원인이 염증이기 때문입니다.

이 책을 읽으시고 설명이 부족한 부분은 "암과 아토피와 성인병은 더 이상 불치병이 아니다"라는 책과 저의 책 "약이 없는 병은 없다"라는 책 1~3권을 참고해 주셨으면 합니다. 특별히 "약이 없는 병은 없다"라는 책 1~3권에선 본 책에서 소개하지 않고 있는 약초에 대하여 자세히 설명하고 있고 또한 복용방법과 조제방법까지도 상세히 소개하고 있으니 질병으로 고생하시는 분들은 한번 구매해 보셨으면 합니다. 제대로 된 약초 하나를 만나느냐 만나지 못하느냐에 따라 여러분의 병이 치료되느냐 치료되지 못하느냐가 결정되고 약초 하나가 당신의 생명을 살리기도 하고 죽이기도 하는 것입니다. 그러므로 꼭 구매하셔서 보셨으면 합니다.

세상에 답이 없는 문제는 없습니다. 불치병에도 답이 있고 돈 문제에도 답이 있습니다. 그래서 약초 전문가 최진규 씨는 말하길 "이 땅에 자라는 풀과 나무로 고칠 수 없는 병은 없다"라고 했습니다. 그러나 문제는 성령님과 의논하지 않기에 답이 없는 것이지 답이 없는 문제는 없습니다. 질병에도 이렇게 답(약초)이 있습니다. 제가 약초와 본초학을 연구하면서 느낀 것은 세상에 약이 없는 병은 단 한 건도 없다는 것이었으며 또한 사람이 자연수명을 다하지 못하고 죽는 이유도 약이 없어서가 아니라 답(약초)을 찾지 못해 죽었습니다.

주님 안에 모든 답(약초. 채소포함)이 있습니다. 주님과 묵상을 하며 한국의 약초와 풀들을 연구하면 반드시 병에 대한 약초(답)가 있습니다. 그러나 사람들은 이 답(약초. 채소포함)을 찾으려 하지 않고 찾았다 해도 쉽게 포기해 버리고 그 찾은 답(약초)을 믿지 않습니다. 그래서 자연수명을 다 누리지 못하고 죽는 것입니다. 이 사실을 알고 저는 문제가 생기면 번제헌금을 드리고 묵상을 합니다. 그러면 거의 모든 병이나 문제가 다 해결됩니다. 약초가 없는 병은 없기 때문입니다.

제 5장을 보면 아시겠지만 수많은 병과 그에 대한 약초가 나옵니다. 그러나 가장 현명한 방법은 병에 걸린 후 힘들게 치유하기 위해 돈과 체력과 시간을 낭비하며 가족들을 병수발로 괴롭히는 것이 아니라 미리 예방하는 것입니다. 그래서 저는 예방의학을 굉장히 중요하게 여깁니다. 이 모든 질병을 예방할 수 있는 약재들이 이 책에 소개되고 있습니다.

결론적으로 말씀드리면 제가 쓴 책 “암과 아토피와 성인병은 더 이상 불치병이 아니다”에서 “음식으로 못 고칠 병은 없다”라고 했는데 이 말은 사실입니다. 서양의학의 아버지인 히포크라테스는 말하길 “면역은 최고의 의사이며 최고의 치료법이다”라고 했습니다. 유명한 약학 전문가인 사무엘 왁스맨은 “모든 질병을 고칠 수 있는 치료법은 이미 이 세상에 존재하고 있다”고 했습니다. 이 말들은 다 약초를 염두에 두고 한 말들입니다. 그러므로 약이 없는 병은 없습니다. 모든 병에는 그것을 치료할 수 있는 약초(채소 포함)가 다 있습니다.

제 4 장

약초 먹고 치료받은 분들의 이야기

1. 당뇨에 대하여

2019년 6월, 제가 인도 선교를 갔습니다. 새벽 2시에 뉴델리 공항에 도착했는데 당시 섭씨 38도였습니다. 도착하자마자 날씨가 후덥지근하며 더워서 그런지 물을 마시고 싶은 생각이 들어 물을 사 마셨습니다. 그때부터 물을 자주 먹게 되었고 소변을 자주 보게 되었습니다. 그리고 한국에 왔는데도 역시 물을 자주 마시고 소변을 자주 보고 체중이 3kg이나 빠졌습니다. 혹시나 하는 마음으로 당뇨 검사를 했더니 493이 나왔습니다. 2018년에 당뇨 검사를 했을 때만 해도 정상이었는데 불과 1년이 되지 않아 당뇨에 걸렸습니다.

왜 당뇨에 걸렸는지 묵상하며 역학 조사를 했더니 원인이 밝혀졌습니다. 저는 양파가 몸에 좋다고 해서 10년 동안 양파 껍질을 달여 먹고, 양파 장아찌를 만들어 양파하고만 식사를 했습니다. 그리고 2019년 1월부터는 양파 12kg을 매달 먹기 시작해 그해 6월까지는 양파를 더 먹었습니다. 제가 먹은 것이라고는 밥과 양파밖에 없었기에 당뇨의 원인을 쉽게 찾을 수 있었습니다.

많은 분들이 양파가 몸에 좋은 것으로 알지만 사실 양파는 우리 몸에 그리 좋지 않습니다. 양파를 저보다 많이 먹은 사람은 없기 때문에 확신합니다. 과장해서 말하자면 대한민국의 모든 양파를 저 혼자 다 먹다시피 했습니다. 그런데 당뇨에 걸린 것입니다. 양파를 많이 먹으면 당뇨에 좋은 것으로 아는데 천만의 말씀입니다. 양파가 콜레스테롤에 좋다고 하지만 오히려 양파를 많이 먹고 콜레스테롤 검사를 해보니 양파를 먹기 전보다 나쁜 콜레스테롤은 훨씬 더 증가했고, 좋은 콜레스테롤은 나쁘게 나왔습니다. 그러므로 여러분들도 양파가 우리 몸에 좋다는 잘못된 속설에 속지 마시고 양파를 과도하게 드시지 마시고 적당하게 드시기를 바랍니다.

제가 처음 당뇨에 걸렸을 때는 당황해서 어떻게 대처해야 할지 몰랐습니다. 그러다 정신을 차리고 모든 음식을 먹고 1시간에 한 번씩 당뇨 테스트기로 테스트를 하기 시작했습니다. 하루 12번도(12시간 동안) 더 테스트를 하기 시작해 꼬박 2개월 동안 그렇게 했습니다. 그 결과 당뇨에 대하여 모든 것을 알게 되었습니다. 제가 그렇게 1시간 마다 모든 음식을 테스트해 본 결과 당뇨가 어디에 반응하는지 알게 되었습니다.

결론적으로 말씀드리면 당뇨는 탄수화물에만 반응합니다. 그리고 그 외에 모든 음식과 식품은 당을 낮추는 역할을 합니다. 다시 말해 당뇨는 밥과 밀가루에만 반응하고 나머지 모든 음식은 당 수치를 낮추는 역할을 합니다. 우리는 당뇨에 대한 잘못된 상식을 많이 가지고 있는데 특히 설탕을 먹으면 당 수치가 높아진다고 알고 있습니다. 하지만 제가 수도 없이 설탕을 가지고 테스트해본 결과 설탕은 오히려 당 수치를 낮추었습니다. 꿀 역시 여러 번 테스트 해본 결과 당 수치를 낮추었습니다. 당은 오직 탄수화물에만 반응합니다. 콜라나 음료수를 먹으면 당 수치가 올라가는 줄 아는데 실제로는 당 수치를 떨어뜨립니다. 제 말씀을 이해하기 힘드시면 설탕이나 꿀, 음료수를 먹고 2시간 후 테스트해 보시길 바랍니다.

중요한 사실은 당뇨는 밥 먹는 순서만 바꾸어도 당 수치를 150~100까지 낮출 수 있다는 것입니다. 다시 말해 왜 당뇨에 걸리느냐면 우리나라의 식습관이 잘못되었기 때문이라는 것입니다. 우리는 식사를 할 때 밥을 먹고 반찬을 먹는데, 이렇게 먹으면 당뇨에 걸리게 되어 있습니다. 당뇨에 걸린 사람이 이렇게 밥을 먹으면 당 수치가 300~400까지 오르게 되어 있습니다. 그런데 이 순서를 바꾸어, 밥 먹기 전에 단백질(콩.두부.고기)을 먹고, 셀러드나 야채로 배를 채우고, 그다음 탄수화물을 먹으면 당은 150 정도 밖에 오르지 않습니다.

당뇨는 탄수화물에만 반응하기에 탄수화물이 반응하기 전에 다른 것으로 배를 채우면 당뇨는 오르지 않게 되어 있습니다. 그러므로 식습관만 바꾸어도 여러분의 당 수치를 잡을 수 있습니다. 콩단백질을 먹고 채소로 배를 가득 채운 후 탄수화물인 밥을 먹으면 아무리 많이 밥(탄수화물)을 먹어도 당은 오르지 않습니다. 그러므로 당뇨가 없는 분들도 밥 먹는 순서만 바꾸면 앞으로도 절대로 당뇨에 걸리지 않게 되어 있습니다. 그 순서는 말씀 드렸듯이 첫째로 단백질(콩)을 가장 먼저 먹고, 둘째로 야채를 다음에 먹고, 셋째로 탄수화물을 먹어야 합니다. 아래 글들은 다른 분들이 당뇨에서 자연치유 받았다고 하는 내용들을 소개하고 있습니다.

2. 당뇨에 좋은 것들에는

당뇨는 아라키돈산에 의해 좌우되는데 아라키돈산이 낮으면 당뇨에 걸리고 아라키돈산이 높으면 당뇨가 치료가 됩니다. 그런데 당뇨에 좋은 고기에는 소고기와 흑염소와 양고기와 연어회가 좋지만 이중 아라키돈산이 가장 많이 들어있는 고기는 흑염소입니다. 그래서 흑염소를 먹으면 원기도 회복되지만 당 수치도 정상으로 돌아갑니다. 여주 열매와 돼지감자와 보리차를 넣고 끓인 후 그 물을 마시면 당 수치가 현저히 떨어집니다. 햄프씨드(식물성 단백질이 가장 많이 들어있음), 산수유(혈관.당뇨.눈.정력.피부.신장.여성 남성 호르몬 조절에 탁월하지만 특별히 당뇨에 좋다. 스웨덴에서 어떤 여자가 당뇨에 걸렸는데 식사 전에 산수유를 먹고 밥을 먹은 후 당 수치가 정상으로 돌아온 내용이 티브에 나왔고, 역시 대전에 사는 어떤 여자도 젊은 나이에 당뇨가 왔는데 스웨덴 여자와 같이 산수유를 식사 전에 먹고 당 수치가 정상으로 돌아왔다), 현미 쌀눈(어떤 사람이 밥을 다한 후 밥 위에 현미 쌀 순을 뿌려 먹고 수시로 생으로 먹고, 찌개에도 넣어 먹어 완치되었다고도 함), 오죽 잎(검은 대나무 잎을 말하는데 한 번 볶은 오죽잎을 갈아서 5분간 끓인 후 물 대용으로 먹고 완치되었다고 함), 꼬시레기(어떤 사람이 이것을 먹고 당뇨에서 치료됨), **뽕잎 식초**(당뇨 합병증이 치료됨), **편백나무 열매**(어떤 분이 먹고 완전 치유를 받음), **귀리**(쥐를 대상으로 한 실험에서, 귀리를 2주 동안 꾸준히 섭취한 쥐들은 혈중 당 수치가 40% 가량 떨어지고 중성지방도 20% 가량 낮추었다고 한다. 또한 당뇨로 인해 다뇨 즉 소변 자주 보는 문제가 해결된다), **마**(인슐린 분비 촉진), **삼채**(명약, 탁월함, 완치됨, 유황성분, 마늘의 6배, 사포닌이 인삼의 60배), **마늘**(효과 탁월), **갈색수**(갈색 쌀로 차를 우려내서 마시는 것이 효과가 탁월함), **아마란스 씨앗**(탁월함, 명약), **명월초**(당뇨의 명약), **여주 열매**(효과가 좋음), **담쟁이덩굴**(현저히 떨어짐), **강황**(당뇨 예방), **부추**(췌장암 말기의 할아버지가 하루에 두 번 정도 적은 양의 부추를 요구르트 2개에 넣고 갈아 마셨는데 한 달 만에 피 검사를 했더니 정상으로 돌아왔다. 두 달 만에 완치됨), **모링가**, **사차인치**(효과 좋음). **생강식초**(효능이 좋음), **땅콩새싹**(명약), **밀 싹**(탁월), **파극천 열매인 노니**(효과 탁월), **돼지감자**.

3. 마늘 먹고 위암을 치료받음

어떤 사람이 위암 3기였는데 수술을 받고 구토와 설사가 너무 심해 하루에 마늘 6쪽을 익혀 먹었다고 합니다. 그 후로 구토와 설사가 멈추고 암이 치료되었다고 합니다. 그는 마늘을 참기름에 볶아 먹었다고 합니다.

4. 마늘 먹고 폐암을 치료받음

어떤 사람이 폐암 2기에서 3기로 넘어가 수술을 받고 마늘을 한 끼에 100쪽씩을 먹었다고 합니다. 전자레인지에 2분 30초를 돌려 아린기를 없애고 먹었는데 암이 치료되었다고 합니다.

5. 개똥쑥 먹고 간암을 치료받음

어떤 사람이 위암에 걸린 후 수술을 했는데 다시 간으로 전이돼 간 수술을 했습니다. 그 후 개똥쑥 달인 물을 식사 전후 수시로 물 대용으로 먹었는데 암이 치료되었다고 합니다. 그는 "개똥쑥은 꽃이 피기 전의 씨방이 가장 효과가 좋다"고 했습니다. 그는 개똥쑥 뿌리로 육수를 만들어 먹었고 백숙에 개똥쑥을 넣고 자주 먹었다고 합니다. 그의 식단에는 모든 음식에 개똥쑥이 들어갔다고 합니다.

6. 겨우살이와 비단풀로 폐암 4기를 치료받음

어떤 사람은 폐암 3기에서 4기 초였는데 수술 후 항암 치료를 받지 않고 겨우살이와 비단풀을 먹어 지금은 완치되었다고 합니다. 겨우살이는 뽕나무 겨우살이와 참나무 겨우살이가 좋다고 합니다. 그는 "유근피와 상황버섯과 겨우살이를 넣고 끓여 먹으면 독은 낮추고 효과는 배로 증가한다"고 했습니다. 그는 비단풀도 먹었습니다. 그는 밥을 할 때도 비단풀 달인 물을 넣고, 겉절이 할 때도 비단풀 달인 물을 넣었습니다. 그의 식단에 비단풀 분말과 비단풀이 들어가지 않은 음식은 없었습니다. 그는 "겨우살이와 비단풀로 암이 치료되었다"고 말했습니다. 제가(오흥복) 비단풀을 자궁에 혹이 있는 분과 갑상선에 혹이 있는 분에게 드렸는데 복용 후 두 달 만에 자궁과 갑상선의 혹이 다 사라지기도 했습니다.

7. 꽃송이 버섯 달인 물로 위암 3기를 치료받음

어떤 사람은 위암 3기로 수술을 받고 꽃송이 버섯 달인 물을 먹어 치료받았다고 합니다. 꽃송이 버섯은 위암, 폐암, 그리고 간암에 좋다고 합니다. 그는 꽃송이 버섯 달인 물을 수시로 마셨고 모든 식사에 꽃송이 버섯을 넣어 먹었습니다.

8. 겨우살이와 생강나무를 먹고 뇌종양을 치료받음

어떤 사람이 캐나다에 살다 뇌종양에 걸렸다고 합니다. 그는 뇌종양 수술을 할 수 없어 수술하지 않고 한국에 와서 겨우살이를 30개월 먹었습니다. 그 후 캐나다에 가서 다시 진찰을 받았더니 뇌종양이 더이상 자라지 않고 성장이 멈추었다고 합니다. 캐나다 의사가 "도대체 한국에서 무엇을 먹었기에 뇌종양이 자라지 않았느냐"고 물었다고 합니다. 그는 그 이야기를 듣고 '겨우살이가 뇌종양을 자라지 않게 하였다면, 뇌종양을 아예 죽여 버리는 것이 낫겠다' 생각하여 뇌종양을 죽이기 위해 생강나무를 먹기 시작했다고 합니다. 그리고 놀랍게도 생강나무를 먹고 뇌종양이 완전히 사라졌다고 합니다. 그는 "겨우살이가 뇌종양의 성장을 멈추게 했고, 생강나무를 통해 뇌종양을 줄어들게 해 치료받았다"고 했습니다. 참고로 생강나무는 꽃, 잎, 나무 그리고 줄기를 모두 약으로 사용할 수 있는데 우리 몸을 따뜻하게 해 주는 효능이 있습니다. 암세포는 우리 몸에 체온이 1도만 낮아져도 몇 배로 증식하고, 우리 몸에 체온이 1도만 상승해도 몇 배씩 죽는다고 합니다. 암세포는 열에 약하기 때문입니다. 그래서 그가 생강나무로 뇌종양에서 치료받은 것은 아닌가 합니다.

9. 밀싹을 먹고 신장 부신암의 성장을 멈추게 했다.

어떤 사람이 신장 부신암으로 수술할 수가 없어 암으로 인한 통증 때문에 큰 고통을 당했다고 합니다. 그러다 밀싹을 먹기 시작했는데 밀싹을 먹은 후 신기하게 암이 더 이상 성장하지 않았고 통증 또한 사라졌다고 합니다. 그는 지금도 암 덩어리가 몸 안에 있고 암 말기라서 수술을 할 수 없는데 13년을(2013년 기준) 건강하게 살아가고 있다고 합니다. 다시 말해 밀싹은 암을 치료하는 것은 아니지만 암으로 오는 통증을 멈추게 하고 암이 더 이상 성장하지 못하게 한다고 합니다. 그는 여러 음식에 밀싹을 넣고 먹는데 중요한 것은 매일 식사 전에 밀싹 즙을 먹어야 한다는 것입니다.

밀싹은 생후 15일이 된 것이 가장 영양분이 많고 효과가 좋다고 합니다. 그는 밀싹과 신선초를 많이 먹고 있다고 합니다. 그는 "밀싹이 숨어 있는 암을 찾아내 암세포에 푸른색을 입히면 면역체계가 암세포를 조준해 죽인다"고 했습니다.

10. 밀싹을 먹고 위암 말기와 폐와 콩팥에 전이된 암이 더이상 자라지 않고 통증이 사라짐

어떤 분이 위암 말기라 수술도 못 하고 암이 폐와 콩팥에도 전이되었는데, 암으로 오는 통증 때문에 걷지도 못했고, 몸을 틀어 누울 수도 없었고, 움직일 수도 없었는데 어떤 사람으로(8번의 사람)부터 밀싹 즙이 좋다는 이야기를 듣고 밀싹 즙을 먹었다고 합니다. 그러자 신기하게도 얼마 지나지 않아 그렇게 고통스럽던 통증이 사라졌고 지금은 아주 건강하게 생활하고 있다고 합니다. 그러나 이 사람도 밀싹 즙을 먹은 후 암이 치료된 것은 아닌, 단지 통증이 멈추고 암세포의 성장이 멈춘 상태일 뿐이라고 했습니다.

11. 흰민들레를 먹고 간암 말기에서 치료받음

어떤 할머니가 60대에 간암 말기에 걸렸습니다. 흰민들레가 좋다는 이야기를 듣고 흰민들레 전초를 먹기 시작해 치료받아 20년이(2013년 기준) 지난 지금까지 건강하게 생활하고 있다고 합니다.

제 5 장

우리 몸에 힐링이 되는 부위별 약초

한의대생들이 보는 각종 약재에 관한 책이 있는데 그 책이 바로 본초학입니다. 본초학에는 약 460여 가지의 나무와 풀과 같은 약초들이 나옵니다. 저는 그 외 250가지를 더한 약 710가지 약초를 조사해 이중 독이 없으면서도 효과가 가장 탁월한 약초들만 뽑아 약초에 대하여 자세히 설명했는데 그 책이 제 책 "약이 없는 병은 없다1~3권"입니다. 710가지 약초 중 독이 없는 약초들만 엄선해 부위별로 몸에 좋은 약초들을 정리해 놓았는데 그 내용은 아래와 같습니다.

1. 감기와 몸살, 가래, 기관지염에 좋은 약초

1) 기침 가래엔

양하. 약도라지+대추+생강+배+파 뿌리를 넣고 끓인 물을 먹으면 3일 안에 치료됨. 내복자(무 씨. 효과 탁월함). 앵두. 무(효과 큼). 조릿대(효과 좋음). 갈대 뿌리. 단풍마. 야관문(효과 탁월). 화랑 가시나무(구골목). 금전초. 벚나무. 천문동. 제비꽃. 딱지꽃뿌리. 회향. 야생 개복숭아 씨. 차조기. 칡(가래)(등칡은 독이 있음). 아카시아 열매(기침). 오미자(기침). 담쟁이 덩굴(바위에 올라온 것은 독이 있으므로 나무를 감고 올라온 것을 쓸 것). 조릿대(가래). 하수오(가래와 담을 없앰). 잔대(가래).

2) 기관지염엔

배. 약도라지(가장 탁월), 마가목 열매(효과 탁월). 머위. 명월초. 국화. 무. 약모밀. 갈대 뿌리. 소루장이뿌리. 함초. 자귀나무꽃. 작두콩. 야관문(효과 좋음). 세신. 아카시아 나무 열매.

3) 콧물엔

모과차, 쇠고기, 마요네즈(콧물이 날 때 모과차와 소고기, 마요네즈를 먹으면 그대로 코가 멈춤). 선인장. 곰보배추(탁월함). 오미자 열매. 세신. 계피에 꿀을 섞어 먹으면 효과 좋음.

2. 간과 관계된 약초들

1) 간엔

계란. 타우린. 문어(간 해독). 밀 싹(탁월). 비트. 노나무(전초를 먹으면 효과 좋음). 보리 뿌리(줄기와 잎이 좋음), 양파, 이고들빼기(탁월함). 벌나무(탁월함). 복분자. 부추(간의 채소). 조릿대. 엉겅퀴(효과 질경이 최고)(암에도, 간에도 좋음).

2) 간암엔

간암 전이를 막는 한약제에는 '자삼'과 '보양환오탕'이 있다고 경희대 김봉이 교수가 논문으로 발표함. 개머루덩굴(개머루덩굴과 다슬기, 호깨나무, 그리고 노나무를 합하여 쓰면 웬만한 간 질환은 다 치료가 됨. 간 질환의 신약). 다슬기 기름(어떤 사람이 간암 말기에서 다슬기 기름을 먹고 치료받음). (암세포를 187도로 냉동시켰다가 녹이면 90% 이상 완치됨.) 마늘. 케일. 노나무(전초를 먹으면 효과가 좋음). 돌미나리(미나리에는 담관암을 유발하는 기생충인 간질충이 있으니 데쳐 먹어야 함). 버섯. 신선초. 개머루. 부추(간의 채소임). 황칠나무. 백화사설초(효과 탁월함). 민들레(어떤 사람이 흰민들레를 먹고 치료받음). 벌나무 껍질(특효약). 개복숭아. 일본산 조릿대 잎이나 뿌리(간 복수암을 100% 억제. 달여 먹을것). 까마중. 엄나무. 다래순. 구기자. 삼백초(효과가 탁월함). 청미래덩굴(멍개.이것 먹고 어떤 사람이 간암에서 치료받음). 어린보릿잎. 금전초(좋음). 인진쑥. 천마.

3) 간독을 푸는 데에는

나문재. 노나무(간 세포를 살림). (B형간염엔)헛개나무 열매. 울금. 카레. 칡뿌리(갈근. 등칡은 독이 있음). 구아바. 브로콜리. 오가피.

4) 간염엔

매발톱나무(탁월). 엉겅퀴. 개머루(간 기능의 신약). 민들레. 고삼. 비파엽. 오리나무(탁월). 조릿대(효과가 큼). 염주. 엄나무. 인진쑥. 인동 꽃잎. 만병초. 청미래덩굴 뿌리. 비트. 제비꽃(전염성과 황달성 간염). 버드나무.

5) 간경화엔

다래(어떤 사람이 다래를 먹고 간암에서 치료를 받았다). 말벌집

노봉방(탁월). 초석잠. 강화도 순무. 위릉채. 개머루(간 기능의 신약). 오리나무(탁월). 염주. 엄나무. 노나무. 인진쑥. 자작나무 뿌리. 만병초. 야생 돌복숭아진. 청미래덩굴 뿌리. 고려 엉겅퀴를 먹고 어떤 분이 치료받음(나는 자연인이라는 프로에서 나옴).

6) 지방간엔

초석잠. 해삼(탁월). 아로니아(효과 좋음). 황칠. 개똥쑥(아주 좋음). 제비꽃. 민들레. 오리나무. 염주. 청미래덩굴 뿌리. 회향(썩은 간장도 살린다 함). 생강나무(간장질환에 다 좋음).

7) 간수치 내리는 것

소고깃국에 무를 넣어 끓여 먹으면 순식간에 내려감. 엉겅퀴 달인 물을 마시고 간수치가 15,000 나갔던 사람이 치료되었다. 이고들빼기(탁월).

8) 황달엔

인진쑥(명약). 해삼(특효약). 꽈리 뿌리. 개똥쑥이 탁월함. 생강나무+개머루덩굴+찔레나무 뿌리를 같이 달여 먹으면 효과가 최고다. 수영. 엉겅퀴. 금전초(효과 매우 좋음). 율무. 민들레. 목향. 제비꽃. 용담. 인진쑥. 시호. 자작나무 뿌리.

3. 갑상선에 좋은 약초들

1) 갑상선암과 혀암엔

국화. 지치(지치+까마중을 같이 달여 먹으면 효과가 좋음).

2) 갑상선 기능 저하와 기능 항진엔

다시마. 함초(갑상선염). 송이버섯. 도꼬마리. 단풍마. 지치.

4. 각종 결석(담낭. 신장. 방광. 요로. 담석)에 좋은 약초들

1) 몸속의 온갖 결석엔

짚단(효과 매우 좋음). 흰 봉숭화(탁월). 청각. 참가시나무(결석을 가장 잘 녹임). 흰 봉선화. 금전초(효과 탁월). 으름나무 덩굴인 목통(효과 탁월함). 예덕나무. 접시꽃(오래 먹으면 좋지 않음. 개고기, 돼지고기와 같이 먹으면 안 됨).

2) 담낭 결석엔

짚단(효과 매우 좋음). 금전초(효과 좋음). 참나무 잎. 참가시나무.

3) 신장 결석엔

짚단(효과 매우 좋음). 비쑥. 개복숭아(효과 좋음). 예덕나무(통증까지 없앰). 꼭두서니. 금전초(탁월함). 참나무 잎. 참가시나무. 수영. 흰 봉선화. 피나무. 꾸지뽕나무. 부처손.

4) 방광 결석엔

짚단(효과 매우 좋음). 초석잠. 마디풀. 개복숭아(효과 좋음). 예덕나무(통증까지 없앰). 꼭두서니. 금전초(탁월함). 참나무 잎. 당근. 참가시나무.

5) 요로 결석엔

금전초(탁월함). 예덕나무(통증도 없앰). 참나무 잎. 참가시나무. 흰 봉선화.

6) 담석엔

짚(아주 효과가 뛰어남). 금전초(탁월함). 수영.

5. 성인병에 좋은 약초(고지혈. 고혈압)

1) 고지혈증엔

마늘(탁월). 현미 쌀눈(탁월). 흑미(탁월). 부추와 케일과 톳. 사탕수수가 탁월함(쿠바의 장수식품). 새싹 인삼(2년생으로 전초를 먹으면 효과 탁월). 바나황금버섯. 칡(등칡은 독이 있음).

2) 고혈압엔

햄프씨드. 제2의 심장이 있는데 그것은 종아리이다. 발끝을 최대한 위로 올렸다 내렸다를 30초 동안 하며 손바닥을 편 상태에서 위로 쭉 뻗으며 양쪽 발을 번갈아 가며 하다 양쪽 발을 똑 같은 방법으로 1분 30초만 하면 혈압이 20정도 그 자리에서 내려간다(이만기가 혈압이 168이 나왔는데 이 운동을 하고 2분후에 측정하니 144가 나왔다). 마늘(탁월). 화를 내지 않으면 약을 먹지 않아도 혈압은 정상으로 돌아감. 참기름을 매일 두 수저를 먹으면 고혈압이 정상이 된다. 혈액에 염증이 많으면 혈관 안에 노폐물이 쌓여 쉽게 혈압이 상승된다고 함. 체온이 떨어지면 혈압이 올라가고 체온이 올라가면 혈압이 떨어진다. 남가새(백질려)와 환삼덩굴과 명월초와 삼채와 약쑥과 진달래꽃 등은 고혈압의 특효. 진달래꽃(꽃술엔 독이 있으므로 진달래꽃을 먹을 땐 꽃술을 제거하고 먹어야 함. 고혈압엔 최고의 식품이다). 환삼덩굴(율초, 탁월함) 줄풀. 식초(효과 좋음). 뽕잎. 땅콩 새싹(명약). 삼채(명약. 탁월함. 완치됨). 마늘(효과 좋음). 렌틸콩. 아마란스(탁월한 명약). 토령탕이나 가루(천기누설). 잎새버섯(탁월). 개똥나무(취오동나무)(탁월). 귀리(어떤 사람이 이것을 밥과 섞어 먹고 고혈압에서 치료됨). 모자반. 닭발(효과 좋음). 새싹 인삼(2년 된 것으로 전초를 먹으면 효과 탁월). 밀싹(탁월). 스피룰리나. 파극천 열매인 노니(효과 탁월). 마가목 열매. 그라비올라. 개똥쑥(아주 좋음). 명월초(효과 최고). 낙석등(효과 좋음). 승마(초기 고혈압에 좋음). 단풍마(부작용이 없는 고혈압 치료약). 인동 꽃잎. 아가위. 비트. 땅콩. 나문재. 참나무 겨우살이(산사+마늘+겨우살이). 쇠비름(저혈압). 천마. 쥐똥나무 열매. 오갈피. 줄풀 열매(효과가 좋음). 참나무나 떡갈나무에서 자란 겨우살이. 지치. 회화나무(효과가 크다). 쥐똥나무열매. 강황. 함초(저혈압에도 좋음). 송이버섯(혈압이 다시 오르지 않음).

6. 뇌와 뇌질환에 좋은 약초들

1) 뇌에 좋은 것

현미 쌀눈(뇌의 신경 계통을 조절해 신경성 위장병, 두통, 신경쇠약을 치료하고 숙면을 취하게 한다. 뇌 건강에 탁월함). 계란 노른자위.

2) 뇌질환, 뇌압과 뇌종양엔

초석잠. 국화.

3) 뇌사자엔

천마(탁월. 환이나 생것, 발효 시킨 것.)

4) 뇌빈혈엔

계란 노른자위. 파극천. 남가새.

5) 빈혈엔

양하. 쇄양이 좋음. 모세혈관을 튼튼하게 하려면 밀 싹(탁월). 약쑥(탁월함). 박하나무. 딱지꽃뿌리.

6) 뇌신경엔

아로니아(탁월)

7) 건망증엔

원지가 좋음.

7. 뼈에 좋은 약초들

1) 골수염엔

피나무가 탁월함. 오이풀. 비단풀.

2) 골수암엔

머위 뿌리 달인 물이 좋음(6개월 먹고 치료됨).

3) 골절엔

울금(어떤 분이 교통사고로 걷지 못했는데 울금을 먹고 치료됨). 냉초(좋음). 우슬(명약). 접골목. 호랑가시나무(구골목이라고도 함).

8. 귀와 관련된 약초들

1) 중이염엔

작두콩. 아카시아꽃. 용담(급성 중이염). 도꼬마리. 석창포(귀 울림, 귀 안 들림).

2) 이명증엔

환삼덩쿨굴. 산수유. 은행나무. 닥나무. 골담초. 숙지황. 당귀(탁월). 백작약. 골쇄보. 골담초. 산해박. 숙지황. 쥐똥나무 열매. 광나무.

9. 관절과 관련된 약초들

1) 관절염엔

초록입홍합오일(아주 효과 좋고 탁월함, 불포화 지방이 달맞이꽃 오일에 200배 함유됨), 낙석등+위령선+우슬+오갈피 같이 먹으면 효과 탁월함. 위령선+접골목+개다래 열매를 같이 먹어도 효과가 좋음. 엄나무(탁월). 우슬(탁월함). 강활(탁월). 줄풀. 진달래. 모링가(탁월함). 개똥 나무(취오동나무. 누리장나무. 어떤 사람이 이것을 먹고 20일 만에 지팡이를 버림). 파인애플. 닭발. 선인장 술 담근 것(어떤 분이 허리와 관절염 때문에 거동을 못 했는데 먹고 치료됨). 성게 된장. 파극천. 파극천 열매인 노니(효과 탁월). 아로니아(탁월). 단풍마(류마티스에도 좋음). 우슬(명약). 마가목 열매(류마티스 관절염 포함 효과 탁월). 그라비올라. 구척. 선인장. 야생 시금치인 수영(관절염의 약이며 효과 탁월함). 겨우살이(효과 좋음). 호골(관절이 붓고 아픈데 특효약). 계피에 꿀을 섞어 먹으면 효과 좋음. 참나무 겨우살이(효과 좋음). 노박덩굴 열매(특효약). 엄나무. 홍화씨(뼈 질환과 골다공증에 좋음). 호랑가시나무. 담쟁이덩굴. 쇠비름. 도꼬마리. 만병초. 제비꽃.

2) 퇴행성 관절염엔

초록입홍합오일(아주 효과 좋고 탁월함. 불포화지방이 달맞이 꽃오일에 200배 많이 함유). **보스웰리아**(퇴행성 관절염에 탁월함. 이 것을 연고로 만들어 바르고 또는 생강과 섞어 차로 마시면 좋다. 그러나 많이 먹으면 부작용이 있다. 어떤 사람은 퇴행성 관절염 3기였는데 이것을 먹고 완전히 치료 받음). **아교**(천기누설에서 인공관절 수술 후 당나귀 가죽 기름인 아교를 먹고 치료받음). **흑염소 한 마리 통으로 달인 것**(이것을 먹고 어떤 사람은 정상으로 치료됨). **구척**(탁월함). **노박덩굴 열매**. **선인장**(선인장 껍질을 제거한 후 100일 동안 술에 담근 후 20일 동안 소수잔 3분의 1에 해당하는 양을 먹고 걷지 못하던 환자가 혼자 걸음). **성게 된장**(좋음).

3) 류머티스 관절염엔

우슬(특효약). **강활**(아주 탁월). **노간주 열매 기름**(특효약이다). **참나무 겨우살이**(효과 좋음. 요통에도 좋음). **세신**. **호랑가시나무**. **줄풀**(효과 큼). **위령선**(약간의 독성이 있어 많이 쓰면 안 됨). **노박덩굴 열매**(뿌리 똑 같은 효과 있음). **하수오**. **수영의 뿌리**. **딱지꽃뿌리**. **선인장**(선인장은 많이 먹거나 오래 먹으면 안 좋음).

4) 무릎엔

접골목. **위령선**. **오디**.

5) 골다공증

mbp단백질(골다공증에 탁월한데 mbp 단백질의 일종으로 어떤 할머니가 이것을 먹고 골다공증에서 치료를 받았다고 한다. 그녀는 떠

먹는 바이오거트에 mbp분말을 조금 섞어 먹고 좋아졌다고 한다. 그런데 mbp를 칼슘과 같이 먹으면 더 좋고 하루 권장량은 40그람이라 하는데 mbp는 우유에서 추출한 단백질인데 우유로 40그람을 먹으려면 우유 130잔을 먹어야 한다.)

10. 남성질환(전립선, 정력, 대머리)에 좋은 약초들

1) 전립선엔

성생활을 일주일에 3번이상을 하면 전립선 비대증과 암을 예방함. 전립선 비대증은 맥주와 감기약, 정력제를 먹으면 좋지 않음. 전립선 비대증을 예방하는 방법은 여성 호르몬이 많은 음식을 먹는 것. 고기 종류를 먹지 않고 채식을 하면 전립선 비대증에 잘 걸리지 않는다. 돼지감자. 모링가(탁월함). 잎새버섯(탁월). 파프리카. 칡(등칡은 독이 있음). 석류. 콩. 초석잠. 아로니아(탁월함). 브로콜리. 고수풀(고수풀과 더덕을 1:1로 진하게 달여 마시면 좋다. 그러나 오래 마시면 건망증에 걸림). 당나무. 곰보배추. 강황(전립선암). 전립선 암(암세포를 187도로 냉동시켰다가 녹이면 90% 이상 완치됨)

2) 남성 질환엔

한련초를 먹으면 좋음.

3) 정력엔

생마늘(탁월). 마카(탁월함). 해삼. 단풍마. 마가목 열매. 복분자. 사상자(효과 탁월). 부추. 쇄양(최고의 정력제). 파극천(효과 탁월). 파고지(효과 탁월). 보골지. 육종용(효과 탁월함). 선인장. 개다래. 엉겅퀴. 한련초. 삼엽초(야관문. 오래 먹으면 눈이 밝아지고 눈병이 예방됨). 하수오. 천마. 삼지구엽초. 쥐똥나무 열매. 만병초. 벽오동나무. 담쟁이덩굴.

4) 대머리, 머리를 검게 하려면

한련초(탁월). 하수오(오래 먹으면 장수함)를 먹으면 좋고. 측백나무.

11. 눈에 대한 약초들

1) 눈엔(시력엔)

루테인과 지아잔티를 먹으면 시력이 좋아지는데 이것이 많이 들어 있는 식품으로는 마리골드꽃잎차와 당근과 계란과 시금치와 무가 있다. 이 중 루테인과 지아잔티가 많이 들어 있는 것이 마리골드잎차인데 루테인은 눈동자의 검정자위의 가운데 부분을 보호해 주고 지아잔티는 눈동자의 검정자위의 바깥부분을 보호해 준다. 또한 루테인과 지아잔티를 먹으면 황반변성이 예방된다. 결명자(탁월). 새송이버섯(시력이 회복되고 힘이 난다). 근대. 가래나무나 열매는 시력을 좋게 하고 눈이 충혈된 것을 치료함. 익모초. 결명자. 오미자. 삼엽초. 회화나무. 도꼬마리. 박하나무. 자작나무 뿌리. 제비꽃(안구질환).

2) 안압엔

황련. 구기자. 결명자(눈의 회춘을 찾아줌). 전복 껍질인 석결명(효과 탁월함).

3) 눈병엔

민들레와 물푸레나무(진백목. 눈병에 신약).

4) 눈꺼풀 떨릴 때는

눈꺼풀이 떨리는 것은 마그네슘 부족으로 진달래를 먹으면 된다.

5) 눈과 귀를 밝게 하려면

맨드라미(급성에 효과 좋음). 석창포. 원지가(효과 좋음).

6) 결막염엔

맨드라미(급성에 효과 좋음). 결명자. 싸리나무 껍질을 달여 눈에 넣으면 좋음.

7) 녹내장엔

석결명(전복 껍데기. 아주 효과 좋음). 물푸레나무. 결명자. 용담. 작두콩. 땅콩. 돼지고기. 닭고기. 멸치.

8) 백내장엔

맨드라미(급성에 효과 좋음). 석결명(전복 껍데기. 아주 효과 좋음). 물푸레나무. 결명자. 자작나무 달인 물. 만병초.

12. 각종 독을 제거하는 방법

1) 약초 독 제거에는

대추나 감초, 생강을 조금 넣으면 독이 제거됨.

2) 해독제엔(독소제거엔)

초석잠. 청미래덩굴(최고의 해독제). 자초(효능 좋음). 냉초(효과 탁월). 원추리(효과 좋음). 약모밀인 어성초(지상에서 가장 강력한 해독제). 오이. 남가새. 지치(약물. 항생제. 농약 중의 해독제). 잔대. 벚나무.

3) 방사선 중독엔

스피룰리나(탁월). 바위손. 삼지구엽초. 갈대 뿌리.

4) 농약 중독엔

천마. 갈대 뿌리. 지치. 아사이 베리. 어성초(탁월).

5) 수은 중독과 중금속 중독엔

밀싹(탁월) .아로니아(좋음). 현미(탁월). 아사이베리. 청미래덩굴(멍개) 뿌리. 갈대 뿌리. 지치.

6) 농약 대용엔

물 50%와 바닷물 50%를 섞어 채소나 인삼과 야채에 뿌리면 어떤 질병도 걸리지 않는다. 즉 농약 대용이 된다. 농작물을 유기농으로 재배하는 방법이다.

13. 두통과 편두통에 좋은 약초들

1) 두통엔

환삼덩쿨(율초. 좋음). 어수리나물(왕상)(탁월). 강활(탁월). 감자. 노박덩굴(생리통과 두통에 명약). 파극천 열매 노니(탁월함). 바질 잎. 순비기나무(효과 아주 좋음). 선인장(두통에 특효약). 싸리나무잎. 도꼬마리. 천마. 석창포. 비단풀. 까마중. 녹나무. 솔장다리잎. 고본(뒷머리 아픈 데에 좋다). 붉은 토끼풀. 백지(백지+천궁+세신=고혈압으로 인한 두통에 효과). 세신. 칡(등칡은 독이 있음). 흰 무궁화 꽃차. 구절초. 산국화(산국화, 순비기나무와 열매는 감기로 인한 두통에 좋다).

2) 편두통엔

머위 뿌리 달인 물이 좋음.

14. 전염병, 말라리아, 뇌염에 좋은 약초들

1) 말라리아엔

마편초. 개똥쑥이 좋고.

2) 일본뇌염엔

위릉채. 인동덩굴을 먹으면 좋고. 지렁이(태조왕건에서 후백제의 견훤의 아들 금강의 고혈을 치료한 것이 지렁이임).

3) 모기엔

초피나무(모기도 쫓음). 울금(울금을 심으면 모기가 접근하지 않음).

4) 장티푸스와 전염병 예방엔

매실.

15. 마비와 관련된 약초들

1) 구완와사엔(안면 신경마비)

강활(아주탁월). 개복숭아(효과 좋음). 아주까리(효과 탁월함). 순비기나무(얼굴 풍에 효과). 개다래. 선피막이 풀이 좋음.

2) 마비증엔

강활(아주탁월). 노박덩굴 열매(팔다리 마비). 참나무 겨우살이(사지마비). 회화나무(손발 마비). 단풍마. 산단(산 토끼풀).

16. 머리와 관련된 질병(어지럼증, 우울증, 정신병)과 관련된 약초들

1) 몸이 가벼워지려면

선모. 질경이가 좋음.

2) 머리를 좋아지게 하려면(머리 맑게 하는 것. 머리 피곤할 때)

당귀(탁월). 석창포. 환삼덩굴, 파프리카(파프리카를 먹으면 머리와 속이 맑아져 말이 잘 나옴. 아주 탁월함). 왕갈비. 소라. 구절초. 둥굴레. 당귀. 예지자(효과 탁월). 환삼(탁월함). 석창포. 회화나무. 오디(아주 탁월함). 원지. 봉삼.

3) 우울증엔

오메가-3(쇠비름). 천마. 가시오가피. 봉삼. 원추리. 남가새. 작두콩. 산해박(신경쇠약의 특효약. 몸이 약한 사람은 먹지 말 것 명현현상이 있음).

4) 신경쇠약엔

대추(효과 좋음). 산해박(특효약). 하수오. 호두. 삼지구엽초. 석창포(마음을 편안하게 해줌). 가새. 부처손. 석창포. 쇠비름. 비단풀. 천마. 산해박. 남가새(뇌혈관을 좋게 함).

5) 정신질환엔(정신병엔)

마가목 열매(효과 탁월). 화살나무.

6) 어지러움엔

당귀(탁월). 비타민C. 오디. 계란 노른자(비타민c, 오디, 계란 노른자를 같이 먹으면 아주 탁월함). 다시다. 숙지황. 쇄양. 계혈등(탁월함). 석창포. 진득찰. 천마. 파극천. 갈대 뿌리.

17. 목과 관련된 약초들

1) 목이 쉰 데엔

마가목 열매. 반대해(탁월).

2) 편도선염엔

약도라지(효과 탁월). 반대해(탁월함). 소루쟁이. 천문동(입안 염증과 인후염에 좋음). 작두콩.

3) 인후암엔

송이버섯. 제비꽃(인후염에 좋고 후두암에도 좋음). 마가목 열매. 우엉.

18. 불면증과 관련된 약초들

1) 수면장애엔

토란. 석창포. 환삼덩굴(뛰어남). 승마.

2) 불면증엔

편백나무 베개가 가장 탁월. 강활(아주 탁월). 당귀(탁월). 밀싹(탁월). 대추. 석창포. 하수오. 호두. 산해박(특효약).

19. 백혈병과 관련된 약초들

1) 백혈병엔

청대(백혈병의 신효로 나옴). 꼭두서니. 천마. 광나무. 노나무(전초를 먹어야 함). 지치(지치는 언제나 까마중과 같이 써라). 강황. 소루쟁이 뿌리(상당한 치료 효과가 있음). 천문동.

2) 백혈구 증가엔

밀싹(탁월). 계피에 꿀을 섞어 먹으면 효과 좋음. 갈대 뿌리.

20. 각종 부인병(하혈, 헤모글로빈, 호르몬, 생리통, 불감증, 불임, 피임, 산후통)에 좋은 약초들

1) 부인병엔(여자들에게 좋은 것)

칡(모든 부인병은 호르몬 문제임. 칡이 가장 탁월함). 노박덩굴 열매(생리가 멈춘 후 오는 모든 질병의 원인을 제거한다). 숙지황(명약). 당귀(부인병의 명약). 생강나무+약쑥+구절초+육모초를 같이 먹으면 좋음.

2) 생리통엔

칡(아주 탁월함). 노박덩굴 열매(생리통의 명약. 생리통으로 오는 두통은 노박덩쿨을 먹어야 낫는다). 겨우살이(생리불순). 적작약(생리통에 좋음). 산목련. 익모초. 산해박(매우 좋음). 접시꽃. 신작약 뿌리(부인병). 마카(탁월). 곰보배추.

3) 월경(생리)불순엔

노박덩굴 열매. 마카. 파극천. 구절초. 바위손. 흰 봉선화. 칡(등칡은 독이 있음). 지치. 접시꽃.

4) 출혈이 멈추지 않을 땐

맨드라미(코피에도 좋고, 자궁 출혈에도 좋음.)

5) 여성 하혈이 멈추지 않을 땐

연뿌리를 녹즙 내서 먹으면 좋음.

6) 자궁 출혈엔

접시꽃. 바위손을 먹으면 좋음.

7) 헤모글로빈 수치엔

봉삼이 탁월함.

8) 호르몬 분비엔

칡. 당귀.

9) 여성호르몬엔

칡(칡에는 석류의 600배 이상 여성 호르몬이 들어 있음, 등칡은 독이 있음). 석류가 좋음.

10) 자연 피임엔

지치를 먹으면 좋음.

11) 산후통엔

찔레 뿌리(산후통, 부종, 어혈, 관절염의 명약). 생강나무(산후두통, 식은땀, 찬물에 손을 못 넣는 것 등에 좋음). 하수오. 잔대 뿌리. 자작나무.

12) 입덧엔

금불초(입덧의 특효약). 초두구가 좋음.

13 불임엔(아기 낳는 약초)

엽산(임신 전에 많이 먹어야 불임과 장애를 막는다). 아로니아(탁월). 사상자(자궁을 따뜻하게 하는 약제임). 익모초. 삼지구엽초. 배롱나무. 흰 봉선화. 부처손. 냉초(한약명으로 참룡검이라 함. 아랫배와 자궁이 허하고 냉하여 생긴 불임에 명약).

14) 불감증엔

사상자.

15) 성병엔

청미래덩굴(멍개). 아가위를 먹으면 좋음.

21. 출혈에 좋은 약초들

1) 장과 혈변엔

위릉채. 맨드라미. 오이풀. 비단풀. 예덕나무. 와송(예덕나무와 와송을 같이 먹으면 혈변이 없어짐). 익모초.

2) 출혈을 멈추게 하는 데에는(피를 멈추게 하는 것)

삼칠근(효과 탁월).

22. 비염인 코와 관련된 약초들

1) 비염엔

곰보배추(곰보배추와 약도라지를 같이 먹으면 된다). 약도라지

(알레르기 비염). 모과차(비염에 탁월). 대파 차(효과 좋음). 산목련. 도꼬마리(황백, 황금, 백지와 같이 쓰면 더 좋음). 작두콩. 봉삼. 비단풀. 천문동. 황련. 산목나무 꽃과 속껍질. 느릅나무 껍질. 세신(세신+작두콩+도꼬마리+느릅나무 껍질). 보리수.

2) 축농증엔

사과락(수세미 오이). 산목련. 도꼬마리. 세신. 작두콩. 약모밀(어성초). 금전초(병꽃풀). 함초. 산목련 꽃. 느릅나무껍질.

23. 변비(숙변)와 관련된 약초들

1) 숙변 제거엔

삼백초. 비단풀. 나문재. 자작나무 뿌리. 함초.

2) 변비엔

현미쌀눈. 자몽(탁월함). 밀 싹(탁월). 세발나물(효과 아주 탁월함). 여주열매. 냉초. 부추(효과 좋음). 함초. 쇄양. 소루쟁이 뿌리. 키위 두 개(키위, 바나나, 우유를 같이 갈아먹으면 효과 탁월). 팥(사포닌이 포함되어 있음. 팥 삶은 물이나 가루는 장을 자극해 대변을 잘 보게 함). 녹즙(일주일을 먹으면 변의 양이 증가함). 연근. 우엉(셀루로오스가 많이 함유되어 있어 변의 양을 증가시킴). 호두. 잣 (변비를 없앤다). 다시마(장 운동 활발하게 함). 매실(아주 좋음). 토마토. 봉숭아 씨. 칡(등칡은 독이 있음). 당근 껍질. 곡류 껍질. 빈낭. 당귀. 나팔꽃(변비에 탁월함). 앵두. 알로에. 망초. 대황. 민들레. 비단풀(효과 좋음). 삼백초. 줄풀 열매(효과 좋음). 소루쟁이. 함초. 지치. 호도. 칡(등칡은 독이 있음). 잣. 쇠비름. 원추리. 하수오. 우엉. 찔레 열매(약간 독이 있음). 오디(변비에 좋음).

24. 방광(소변)과 관련된 약초들

1) 방광염엔

초석잠. 으름나무 덩굴(효과 탁월). 계피에 꿀을 섞어 먹으면 효과 좋음. 패랭이꽃. 까마중(효과 좋음. 요도염에도 좋음). 수박과 콩(콩과 수박(한 통을 매일 먹고 방광암에서 치료됨). 백화사설초(효과 탁월함). 모자반(모자반과 수박껍질과 약 콩을 먹고 치료됨). 와송(와송은 방광암에 명약이며 특효약이며 대장암과 당뇨에도 좋음). 어수리나물(왕삼)(탁월). 짚신나물. 강황. 복수초(특효약이나 독성이 있음).

2) 소변엔

생강나무. 접시꽃. 마편초(소변을 잘 나오게 하며 결석에도 좋음). 숙지황(소변에 피가 나는 것을 치료). 해조. 시체인 감 꼭지. 옥수수 수염 물. 비파엽. 개미취. 생강나무(효과 좋음).

25. 수족 냉증과 손발 저림에 좋은 약초들

1) 수족 냉증엔

흑염소.

2) 냉증엔

냉초(한약명 참룡검. 효과 탁월). 생강 식초(탁월). 해바라기 씨(발 냉증에 탁월함). 보리 뿌리(효과 좋음). 쇄양. 개복숭아(효과 좋음). 엉겅퀴. 노박덩굴 열매(특효약). 계피(효과 좋음). 생강나무(효과 좋음). 생강. 구절초(효과 좋음). 익모초(효과 좋음). 두릅나무 껍질. 온백원. 지치. 석창포. 배롱나무. 접시꽃.

3) 손발 저림엔

냉초(명약). 비타민B12. 돼지고기 뒷다릿살(돼지고기 뒷다릿살엔 비타민B1이 많이 들어 있음. 비타민 B1이 부족하면 신경에 염증이 생겨 손발 저림이 온다). 쇄양. 부추. 개복숭아. 대추. 개다래(효과 좋음). 바위손. 석창포. 지치. 계피(효과 좋음). 생강나무(효과 좋음). 구절초(효과 좋음). 육모초. 힌봉선화.

26. 신장 콩팥과 관련된 좋은 약초들

1) 신장병엔

산청목(선약). 광나무(신장을 튼튼하게 함). 수박은 신장병 환자에게 좋지 않음. 마디풀(신장 계통의 병에 명약임). 해삼. 피나무. 명월초(효과 좋음). 제비꽃. 싸리나무(명약). 까마중(효과 좋음). 복수초(신장병에 특효약이나 독성이 있으니 조금만 쓸 것). 시호. 작두콩. 패랭이꽃. 개복숭아(소변에 단백질이 나올 때). 피나무(신장염).

2) 신부전증엔

잉어나 붕어의 쓸개를 먹으면 급성 신부전증이 온다. 개복숭아(효과 좋음). 싸리나무(특효약). 으름나무 덩굴인 목통(효과 좋음). 동백나무. 겨우살이.

3) 신장병 혈액 투석엔

개다래+감초(개다래에 감초를 달여 먹으면 신장 투석도 낫는다. 신장 질환자에게 있어 수박은 치명적이다. 일반 사람들에게는 수박의 칼륨이 나트륨의 배출을 좋게 하지만 신장 질환자에는 오히려 수박의 칼륨이 심근경색과 움직임을 둔하게 만들기 때문이다). 개북숭아. 싸리나무(담쟁이덩굴+조릿대순+조선 오리나무 새순을 같이 넣고 3시간을 달여 먹어 완치된 사례가 있음).미강(겨)과 현미. 쌀눈을 먹으면 안 됨.

27. 심장과 관련된 약초들

1) 부정맥엔

쇠비름, 아가위, 말벌 독의 펩타이드성분.

2) 심장부위가 아플 땐(통증)

어수리 나물(왕상)(탁월). 승마. 백합화.

3) 심장엔

제2의 심장이 있는데 그것은 종아리이다. 발끝을 최대한 위로 올렸다 내렸다를 30초 동안 하며 손바닥을 편 상태에서 위로 쭉 뻗으며 양쪽 발을 번갈아 가며 하다 양쪽 발을 똑 같은 방법으로 1분 30초만 하면 혈압이 20정도 그 자리에서 내려간다. 봉삼이 탁월함.

4) 심장병엔(동맥경화)

햄프씨드. 초석잠. 은행나무잎. 동백나무겨우살이. 웅담. 삼백초(효과 좋음). 아가위(효과 좋음). 은행잎(효과 좋음. 봄철 은행잎엔 독성이 거의 없으나 성숙한 것은 독이 있음). 봉삼. 계피와 꿀을 섞으면 좋음. 단풍마(동맥경화에 효과 좋음). 지치와 느릅나무 껍질을 같이 가루로 쓰면 심장병과 고혈압과 동맥경화에 좋음. 땅콩(.심장병과 동맥경화 예방). 조릿대(효과가 빼어남). 줄풀 열매(심장병. 동맥경화). 칡(등칡은 독이 있음). 참나무겨우살이(동맥경화에도 좋음). 줄풀 열매(효과 좋음). 아가위. 선인장. 작두콩. 복수초(특효약이나 독성이 있음). 버드나무.

5) 심근경색엔

모링가(탁월함). 벗굴(치료 받은 사람이 있음). 사탕수수가 탁월(쿠바의 장수식품). 삼채(명약. 탁월함). 명월초(심근경색의 명약). 봉삼.

6) 협심증엔

모링가(탁월함). 은행나무 잎. 아로니아(탁월함). 계혈등(아주 좋음). 인동 꽃잎. 칡(등칡은 독이 있음). 석창포(심근경색). 참나무 겨우살이. 삼지구엽초(심근 경색). 익모초.

7) 심장이 뻐근하거나 가슴이 두근거릴 때

원지(심장이 두근거릴 때 효과가 좋음). 봉삼. 지치. 오갈피. 송순(소나무 새순).

28. 쓸개에 대하여

1) 쓸개즙이 잘 분비되게 하려면

비쑥을 먹으면 좋음.

2) 쓸개에 돌이 박힌 것

짚을 달여 먹을 것. 금전초가 좋음.

29. 각종 건강 정보와 향균에 좋은 약초

1) 삼대 영양소

(1) 단백질(아미노산) 가장 많이 들어 있는 것은 햄프씨드이다 (2) 탄수화물(당질) (3) 무기질(미네랄)

2) 6대 영양소

(1) 단백질(아미노산) (2) 탄수화물(8가지 당 영양소 또는 필수 탄수화물이라 함. 여기서 좋은 탄수화물은 현미와 미강이다) (3) 무기질(미네랄) (4) 비타민 (5) 필수 지방산(콜레스테롤도 지방에 포함된다. 좋은 지방은 오메가 3이다. 오메가 3는 혈전을 풀어주고 동맥경화를 막아주며 콜레스테롤 수치를 낮춰준다) (6) 섬유질(섬유질을 포함하면 6대 영양소라 한다)

3) 5대 영양소

산부추. 부추. 죽순. 단풍취. 두릅순.

4) 면역력과 DNA 복구식품

비단풀. 신선초. 무. 케일. 시금치. 살구(폐에 좋음) 채리. 아마씨가 좋음.

5) 식물성 단백질

도다리. 병아리콩(저지방 고단백질). 퀴노아(아주 풍부). 스피룰리나(단백질의 60%). 말룽가이(세상에서 식물상 단백질이 가장 많음). 아마란스 씨앗(가장 많음). 버섯. 콩. 두부. 생선. 해산물이 좋음.

6) 비타민 A 가 많이 함유된 식품

케일(케일 속에는 비타민 A가 당근의 3배와. 시금치의 7배가 더 들어있다). 무청. 뱀장어. 굴. 깻잎. 피망. 김. 호박. 감. 샐러리가 좋음.

7) 비타민 C가 많이 들어 있는 식품

당귀잎(레몬의 3배). 병아리콩. 구아바(오렌지의 5배). 말룽가이(풍부). 파프리카. 고추(토마토의 10배. 하루 고추 3개만 먹으면 일일 비타민 C 권장량을 다 먹는 것). 브로콜리(레몬보다 2배 더 많음). 레몬. 키위. 시금치. 깻잎. 고추. 오렌지. 딸기(사과보다 10배 많음). 감. 연근. 감자. 여주 열매. 샐러리.

8) 비타민 D

일광욕이 좋음. 팽이버섯에 가장 많이 들어 있다.

9) 비타민 U가 들어 있는 식품

브로콜리가 좋음.

10) 미네랄이 많은 식품

모링가(탁월). 말룽가이(효과 최고). 굴. 바나바(매우 풍부). 곡식의 씨. 마늘. 현미. 신선초. 여주열매. 케일. 연근. 무화과. 호박씨. 땅콩. 김. 무. 무청.

11) 셀레늄(NK세포를 활성화 시킴)

모링가(셀레늄이 부족하면 암에 걸리고 갑상선에 이상이 옴). 브라질너트(탁월함).

12) 안토시안

아사이베리(포도의 33배).

13) 마그네슘 부족(눈꺼풀 떨림)엔

마그비(양약 영양제. 아주 탁월함). 진달래(탁월함). 아몬드가 좋음.

14) 오메가 3(DHM)를 먹으면

오메가 3는 좋은 세포를 활성화시키는 역할을 한다. 사차인치(풍부). 들기름. 참치 통조림. 쇠비름. 아마씨. 들깨. 등 푸른 생선. 호두기름. 오메가 3는 아스피린과 같이 혈전을 풀어주고 동맥경화를 예방하며, 불포화지방으로 이루어져 콜레스테롤 수치를 낮춘다. 오메가 3와 코엔자임큐텐을 같이 먹으면 콜레스테롤 수치를 두 배나 더 감소시킨다.

15) 오메가-6은

옥수수기름. 홍화유. 해바라기 기름. 대두유. 땅콩기름.

30. 자궁과 관련된 질병에 좋은 약초들

1) 자궁염엔

겨우살이. 약모밀(어성초)이 좋고.

2) 자궁 경부암엔

백화사설초(효과 탁월함). 짚신나물(효과가 좋음).

3) 자궁근종엔

냉초(효과 탁월). 비단풀. 함초. 꾸지뽕나무.

4) 질염엔

냉초가 효과 탁월함.

31. 풍치(치과 관련)와 입과 관련된 약초들

1) 충치엔

별꽃(치조농루와 치은염에 좋음)

2) 치통엔

강활(탁월). 박하나무

3) 치주염엔(풍치)

옥수숫대 달인 물로 행구면 된다(옥수수는 인사돌의 원료). 솔방울을 물에 달여 그 물을 1~2분 입에 물고 있으면 잇몸질환에 아주 탁월한 효과가 있음. 후박나무(탁월). 고령토(탁월). 봉삼(복용하며 봉삼 물을 물고 있으면 거의 100% 치료됨).

4) 입 냄새엔

솔방울을 물에 달여 그 물을 1~2분 입에 물고 있으면 잇몸질환에 아주 탁월한 효과가 있음. 계피에 꿀을 섞어 먹으면 효과가 좋다.

32. 치매에 관련된 약초들

1) 혈관성 치매엔

수면제를 먹으면 치매에 걸린다. 석창포(천기누설에 의하면 석창포를 달여 물처럼 4개월 먹고 혈관성 치매를 치료받음).

2) 알츠하이머 치매엔

견과류. 호두(천기누설에서 이것을 먹고 좋아짐). 알츠하이머는 염증에 의한 것이다. 치매의 원인이 여러 가지고 도파민의 문제로 올 수도 있지만, 치주염(충치와 풍치 같은)을 오래 방치하면 이것이 뇌세포를 죽여 치매를 일으킨다. 이는 위기 탈출 넘어 원에서 2013년 9월 30일에 방영되었고, 미국에서 연구결과로도 나온 것이다. 결국 치매와 파킨슨도 염증 때문에 생긴 것이다.

3) 치매 예방엔

근대(어떤 사람이 근대를 말려 된장에 부쳐 먹음). 푸른 콩(청대콩이라고도 함. 뇌세포를 살려 치매에 탁월. 어떤 분이 푸른 콩에 과일 몇 종류를 넣고 쌈장을 만들거나 10가지 채소를 먹고 치매를 치료함). 치매를 극복한 사람들의 특징은 10가지 이상 나물을 먹었다고 함. 석창포(치매에 탁월). 초석잠(기억력 회복에 탁월함). 아로니아(효과 좋음). 마과목(기억력 회복에 효과 좋음). 봉삼. 숙지황. 강황.

33. 유방과 관련된 질병에 좋은 약초들

1) 젖이 나오지 않을 땐

사고락(수세미 오이). 위릉채. 민들레.

2) 유방암엔

유방암 전이를 막는 한약은 '울금'과 유이평'이라고 경희대 김봉이 교수가 논문으로 발표함. 삼채(어떤 사람이 유방암 수술 후 삼채 먹고 치료됨). 청각. 곡류와 64가지 야채를 말려 가루로 먹고 30년째 치료받은 사람이 있다. 사과껍질. 토끼풀. 황칠나무. 민들레. 야관문. 천문동(유선암). 바위손. 브로콜리. 아마씨. 제비꽃.

3) 유선염엔

박하나무. 예덕나무. 오갈피.

34. 위와 소화에 좋은 약초들

1) 속을 편하게 해주는 것

새우젓(새우젓을 6개월 먹으면 모든 속병이 다 치료된다). 마요네즈. 깻잎. 우엉

2) 위염엔

민들레(탁월함). 마가목 열매(탁월)

3) 체했을 때엔

흰 봉선화(효과 최고이며, 봉삼과 예덕나무와 와송과 비단풀을 같이 먹으면 효과 더 좋다). 매실. 쥐깨풀. 박하나무. 아가위. 세신. 갈대 뿌리(달여 먹을 것).

4) 소화엔(위장. 소화불량. 복통.)

침향(복통에 탁월함). 타이레놀 2개(갑자기 체하며 복통을 느낄 때는 타이레놀 2개를 먹으면 완화됨). 마요네즈(속이 더부룩할 때 탁월함). 깻잎(속이 더부룩할 때 먹으면 탁월함). 어수리나물(왕삼). 새우젓(소화와 가스제거에 탁월하며 2개월 동안 먹었더니 모든 속병을 다 치료 받았다. 위장병엔 새우젓만 먹으면 된다). 대추(소화와 가스제거에 탁월). 아티초크. 해초(미역. 톳. 다시마). 국화. 탄산수를 먹으면 속이 편해짐. 사과를 먹으면 속이 편함. 울금. 개다래술. 꽈리(돼지고기 먹고 체했을 때 꽈리 뿌리를 달여 먹으면 즉시 치료됨). 토란(소화를 돕는다). 구아바. 노니(파극찬의 열매로 입에서부터 위장, 소장, 대장에 이르기까지 탁월함). 누루궁뎅이버섯. 맥아(효과 좋음). 보리 뿌리(아주 좋음). 흰 봉숭아(효과 탁월). 쇄양. 박하. 아가위. 배. 무. 무청. 마. 양배추. 브로콜리. 빈낭(뛰어남. 더부룩할 때). 오약(탁월함). 올라. 교이. 백작약. 야생 시금치인 수영(효과 탁월). 내복자(무씨가 탁월함). 바질잎. (예덕나무+번행초+백출은 3대 소화제라고 함). 명월초. 초두구. 목향. 백두구(위통). 배초향(토사곽란에 좋음). 후박나무(효과 특). 백작약(효과 좋음. 더부룩하고 트림이 자주 나올 때에 좋음). 황련(이질. 설과. 소화불량. 복통에 탁월함). 생강. 오이풀. 매실. 갈근.

5) 식중독 예방엔

양하,약모일(어성초). 생강. 와사비.

6) 위장병엔

마가목 열매(아주 좋음). 대추. 민들레. 칡즙(등칡은 독이 있음).

7) 위궤양엔

가죽나무(죽나무라고도 함. 위궤양의 특효약). 민들레(탁월함). 조릿대(효과 좋음). 예덕나무(효과 좋음. 십이지장 궤양에도 좋음). 소루쟁이 뿌리. 양배추. 아카시아 뿌리.

8) 가스 제거엔(뱃속)

우엉차(탁월함). 새우젓. 국화. 당귀. 곰보배추(탁월함). 바질. 계피에 꿀을 섞어 먹으면 효과 좋음. 청미래덩굴 뿌리(멍개라고도 함. 뿌리 달인 물).

9) 뱃속 기생충 제거엔

마디풀. 개복숭아(효과 좋음). 빈낭(탁월).

10) 복수가 찰 땐

다래(어떤 사람이 복수 찼는데 다래 먹고 치료 받음) 마편초(효과 좋음). 나팔꽃(효과가 탁월함). 까마중. 복수초(특효약이나 독성이 있음).

11) 트림엔

빈낭(뛰어남). 금불초(아주 좋음). 내복자(무씨가 탁월함). 시체(감 꼭지가 효과 좋음). 초두구. 작약. 백두구. 마(탁월).

12) 메스꺼움엔

금불초.

13) 구토엔

초두구.

14) 딸꾹질엔

시체인 감꼭지. 초두구. 백두구. 갈대뿌리.

15) 설사엔

오배자가 좋고.

35. 각종 암에 좋은 약초들

1) 암의 전이를 억제하는 것엔

콜라겐이 암의 전이도 막는다는 임상 결과가 나오기도 했으나. 땅콩은 먹지 말 것(암세포를 전이시키며. 죽은 암세포까지 살린다고 함). 밀 싹(탁월). 바나황금버섯(전이 96% 억제). 잎새버섯(암 전이 방해 93.6%).

2) 암엔

비트(헝가리와 오스트리아에서는 비트로 항암을 치료한다고 함). 게르마늄(암 성장을 억제한다. 즉 항암 억제 작용이 있다). 그라비올라(암을 치료하는 나무라고 함). 예덕나무(일본에선 암 특효약). 화살나무(항암 작용이 탁월). 동충하조(탁월). 가래나무(효과 높음). 당귀잎. 티히보(아주 탁월). (암은 체온이 정상체온에서 35도로 내려가서 생기는 병이다. 그러므로 암은 정상체온에서 2도만 올리면 치료받는다. 체온을 높이는 방법은 껌 씹기와 오래 씹기 같은 운동과 생강이다). 청각(청각 반찬과 청각 가루, 정각효소를 같이 먹고 갑상선암과 유방암과 목암에 걸렸던 여자가 완전히 치료되었다). 강아지풀(탁월). 울금(염증을 제거함). 현미 발효밥(암에 걸린 분이 치료됨. 현미와 미강은 좋은 탄수화물에 속한다. 그래서 암이 치료되는 것). 파극천 열매인 노니(효과 탁월). 견과류와 옥수수 섞은 것을 먹으면 암을 유발한다. 삼채. 아사이베리(암세포를 죽인다 함). 가지. 현미(독성 제거). 아로니아. 참외(암 확산 방지). 밀싹(탁월). 바위손. 겨우살이. 계피, 꿀(계피에 꿀을 섞어 먹으면 효과 좋음)과 비단풀(암세포만 골라 죽이고 새살을 빨리 돋게 함). 석창포. 제비꽃. 함초. 짚신나물(항암 효과가 탁월하며 독은 없으나 말리는 과정에서 생긴 곰팡이가 핀 것이나 상한 것은 독이 있으므로 먹어서는 안 됨). 쇠비름. 까마중. 부처손. 꾸지뽕나무. 작두콩. 지치(암세포를 녹여 없애며 살균 소염 작용이 강하고 새살을 돋게 함). 녹나무. 송이버섯. 딱지꽃뿌리. 조릿대잎. 조릿대뿌리(달여 먹을 것). 짚신나물(암세포를 억제하고 정상 세포로 되돌리는 역할에 탁월함).

3) 모든 암에는

와송. 비단풀. 어성초. 비파엽. 봉삼. 헛개 열매. 구기자. 개똥쑥. 쇠비름. 하수오. 지치. 유근피.

4) 말기 암 환자의 통증 완화엔

천년초(선인장 꽃. 탁월함). 밀 싹 즙(탁월함). 만병초를 먹으면 좋음.

36. 각종 암에 대하여

1) 췌장암엔

쏠투비 운모가루. 췌장암 예방에는 양배추와 마늘과 브로콜리와 시금치와 고구마와 복령버섯과 체리라 한다. 부추(췌장암 말기에 걸린 할아버지가 적은 양의 부추를 요구르트 2개에 넣고 갈아서 하루에 두 번 정도 먹고 한 달 만에 피 검사를 했더니 정상으로 돌아옴. 두 달 만에 완치됨). 말린 채소와 무말랭이(말린 채소와 무말랭이로 췌장암을 치료받음). 비단풀. 비파엽(탁월함). 봉삼. 석창포. 작두콩. 브로콜리. 제비꽃. 쇠비름. 용담. 잔나비걸성버섯.

2) 대장암엔

대장암 전이를 막는 한약제에는 '간비해독탕'과 옻나무 추출물인 '독활지황탕'이 효과가 있다고 경희대 김봉이 교수가 논문으로 발표함. 하루에 우유 70ML만 먹어도 대장암이 50% 예방됨. 알로에가 탁월. 무화과(3기 대장암 환자가 무화과를 먹고 치료됨). 청국장(3기 대장암 환자가 청국장을 먹고 치료됨). 5가지 견과류와 채소로 대장암 3기 환자가 치료됨(5가지 채소는 파프리카. 오이. 양파. 당근. 양배추를 말함. 5가지 견과류는 호두. 해바라기 씨. 잣. 아몬드이다). 구기자(구기자를 먹고 대장암4기 환자가 치료됨). 우엉(우엉을 먹고 대장암에서 치료됨) 와송. 노루궁뎅이버섯(대장암에 효과 좋음). 돼지감자(어떤 사람이 돼지감자를 먹고 대장암이 치료됨) 배초향. 후박나무. 모과. 선인장 달인 물. 아마씨(대장암 억제). 브로콜리(대장암). 부추. 칡. 짚신나물(대장암).

3) 위암엔

위암 전이를 막는 한약제에는 '건비보신탕'과 '소담화위탕'이 있다고 경희대 김봉이 교수가 논문으로 발표함. 일엽초(효능 좋음). 미더덕(미더덕으로 위암 4기 환자가 치료됨). 청각(위암 말기 환자가 치료됨). 갓김치(뽕잎과 갓으로 물김치를 담가 먹고 위암을 치료받음). 세모가사리(세모가사리로 3기 위암을 치료받음). 마, 마 씨(마와 마 씨를 먹고 위암에서 치료받음). 해삼(해삼으로 위암 3기 환자가 치료받음. 해삼 내장엔 종양을 억제하는 독소가 있어 이것을 먹고 치료됨). 사슴고기(사슴고기와 사슴 꼬리를 먹고 위암을 이겨냄). 조림마늘. 반지련(효과 좋음). 백화사설초(효과 탁월함). 와송(모든 암과 종기에 특효약). 번행초(특효약). 비파엽

(탁월함). 삼백초(효과가 탁월). 예덕나무(효과 좋음). 용담. 꼭두서니. 브로콜리. 소루쟁이뿌리. 광나무. 까마중. 천마. 천문동. 등나무 혹(효과가 큼). 느릅나무(느릅나무 뿌리 껍질+화살나무+꾸지뽕나무를 같이 먹을 것).

4) 자궁암엔

잔대(자궁암 항암 효과 80%). 일엽초(효능이 좋음). 개똥쑥(개똥쑥+배효소). 반지련(효과 좋음). (청미래덩굴+까마중+부처손+꾸지뽕나무를 달여 먹을 것). 백화사설초(효과 탁월함). 꼭두서니. 지치. 꾸지뽕나무(자궁암에 효과가 큼). 복령(버드나무와 같이 쓰면 독약이 됨). 한련초. 약모밀인 어성초(자궁염). 등나무 혹(자궁암에 효력이 큼). 등나무벌레.

5) 식도암엔

일곱 가지 곡식가루 주스와 일곱 가지 곡식 밥(어떤 사람이 7가지 곡식인 현미, 백태, 검은콩, 팥, 율무, 찹쌀현미 그리고 흑임자로 주스와 밥을 해먹고 식도암3기를 수술하지 않고 치료함). 현미(현미와 미강을 먹고 식도암 3기를 치료받음). 반지련(효과 좋음). 백화사설초(효과 탁월함). 꼭두서니. 송이버섯. 한련초. 까마중(까마중과 뱀딸기 달인 물이 좋음). 천문동. 청미래덩굴(위암. 간암. 직장). 짚신나물.

6) 직장암엔

당귀(당귀잎 차로 직장암 3기를 치료함). 아마씨(아마씨를 분말로 만든 것을 먹고 직장암 3기를 치료함). 약쑥(직장암을 이겨냄). 약콩(쥐눈이콩으로 만든 청국장으로 직장암을 이겨냄). 반지련(효과 좋음). 백화사설초(효과 탁월함). 까마중. 뱀딸기를 달여 먹으면 효과가 좋다.

7) 피부암엔

모자만. 봉삼(가장 탁월함). 지치(지치와 까마중을 같이 쓸 것). 강황. 한련초(한련초+당귀+백작약+산약+백출+단삼+목단피+복령).

8) 코암엔

부처손을 먹으면 좋음.

9) 폐암엔

폐암 전이 억제(오미자,당귀,구기자등으로 이루어진 보신소간방과 소적음은 폐암 전이를 억제한다고 경희대 김봉이 교수가 논문으로 발표함). 고구마, 사과, 양파(어떤 사람이 사과, 양파, 고구마를 껍질째 먹고 폐암 2개월 선고에서 수술 받지 않고 치료받음). 비단풀(폐암 말기 수술을 받았던 사람이 비단풀 차와 가루를 먹고 치료받은). 암세포를 187도로 냉동시켰다 녹이면 90% 이상 완치됨. 돌배와 약도라지(돌배와 약도라지 발효액을 먹고 폐암에서 치료됨). 신선초(폐암 전이를 막음). 살구씨 기름(효능 좋음). 호두기름. 황칠나무. 천마(폐암). 브로콜리. 까마중(폐암). 부처손. 삼백초(효과가 큼). 호두(폐렴과 폐결핵. 폐암). 명월초(폐에 좋음). 소루쟁이뿌리. 선인장. 까마중(까마중+뱀딸기를 같이 먹으면 폐암이 치료된다고 함).

10) 신장암엔

암세포를 187도로 냉동시켰다 녹이면 90% 이상 완치됨.

11) 담도암엔

속세가 좋음.

12) 구강암엔

어떤 사람이 구강암으로 고생했는데 더덕을 먹고 치료받음. 오갈피. 조릿대(효과 좋음)를 먹으면 좋다.

13) 간암, 폐암, 신장암, 전립선암엔

암세포를 영하 187도로 꽁꽁 얼렸다 녹이면 90% 이상 치료됨

37. 염증과 종기에 좋은 것

1) 염증엔

햄프씨드. 봉삼(탁월). 티히보(아주 탁월). 모자반이 탁월. 파극천 열매인 노니(효과 탁월). 마가목 열매(효과 탁월). 백화사설초(효과 탁월함). 약모밀인 어성초(지상에서 항균 작용이 가장 강하다). 만병초(균을 죽이는 힘이 아주 좋음). 염주. 매실. 엄나무. 톱풀(상처 치유에 뛰어남). 개머루 열매(효과 탁월). 작두콩(잇몸 염증). 번행초. 당근. 딱지꽃뿌리. 원추리. 매발톱나

무. 제비꽃(종기에도 좋음). 느릅나무(종기). 예덕나무(고름을 빼내는 작용을 함). 강황. 흰 봉선화(종기). 오이풀(고약으로 만든 것을 바르면 염증에 효과 좋음). 절국대(유기노라고도 함. 상처치료와 종기에 매우 뛰어남). 쇠비름(종기와 악창 치료에 놀라운 효과). 인동꽃잎(종기). 백급(종기. 종양). 붉나무 열매. 소루쟁이 뿌리(염증에 탁월함). 하수오. 황벽나무속 껍질.

2) 종기엔

양하.가래나무. 와송. 아주까리. 제비꽃. 느릅나무(좋음). 흰 봉숭아. 절국대. 쇠비름. 인동 꽃잎. 백급.

3) 족저근막염엔

봉삼이 좋음.

4) 늑막염

여로(탁월함)

5) 소염엔

지네. 용담. 황금.

38. 피부에 좋은 약초

1) 피부병은

싸리나무(탁월). 천문동(피부가 윤택해짐). 어수리나물(왕상. 탁월). 가래나무 열매(효과 뛰어남). 금전초(효과 좋음). 계피에 꿀을 섞어 팩을 하면 효과가 좋음. 봉삼(가장 탁월함). 도꼬마리. 오이풀. 소루쟁이. 수영. 쇠비름(피부를 깨끗하게 함).

2) 피부엔

햄프씨드. 현미 쌀눈. 사차인치(피부염증에 탁월). 어수리나물(탁월함). 오배자(탁월). 탄산수(탄산수를 가지고 세안을 하면 피부 각질과 탄력효과가 탁월하다). 개똥나무(취오동나무. 탁월). 말룽가이(효과 탁월). 아로니아(탁월). 아주까리(종기에 좋으나 붙이는 것). 앵두. 알로에. 지치. 만병초. 엄나무. 쇠비름. 박하나무. 천문동.

3) 옴치료엔

흰 무궁화. 수영을 먹으면 좋음.

4) 습진. 건선엔

오배자 달인 물(먹고 바르면 됨). 울금(울금 가루를 바를 것). 가래나무 열매.

5) 무좀엔

봉숭화 꽃이 좋음. 청개구리 달인 물에 담그면 됨. 봉삼 물에 20분만 담그면 치료됨. 말룽가이(효과 탁월). 만병초. 쇠비름(습진). 조릿대(효과 큼. 여드름에도 좋다). 싸리나무 기름.

6) 동상엔

마늘대 달인 물에 담그면 됨.

7) 모든 알레르기엔

약도라지. 작두콩. 세신.

8) 두드러기엔

배와 피등어를 같이 달여 먹으면 특효약이 된다. 봉삼(봉삼+소루쟁이 환이 좋음). 탱자열매(두드러기의 특효약). 접골목.

9) 아토피엔(아토피의 원인은 밀가루다)

브라질너트와 사차인치(아주 탁월함). 오배자가 탁월함(달인 물을 바르고 먹으면 됨). 왕지네(농촌진흥청에서 임상 결과 탁월함 발견). (체온이 34도로 떨어지면 아토피가 생기고 체온이 정상체온 이상으로 오르면 아토피는 사라진다. 다시 말해 아토피의 원인은 수족냉증과 같은 체온이 떨어지는 것이다. 체온을 높이는 방법은 껌 씹기, 오래 씹기와 운동, 그리고 생강이다). 울금(울금 가루에 꿀을 넣어 팩을 하라). 당나귀기름과 우유(천기누설에 방영). 파프리카. 미강(쌀겨)을 한 수저씩 밥과 음식에 넣어라(탁월함). 동백나무 씨 기름. 밀 싹(탁월함). 어성초(효과 좋음). 약도라지. 삼채. 올라. 탱자열매. 금전초(효과 좋음). 접골목. 쇠비름. 브로콜리.

10) 백납(백전풍)엔

도꼬마리. 쇠비름를 먹으면 좋음.

11) 화상엔

소나무 껍질을 태워 가루를 내어 참기름에 이기고 환부에 붙이면 화상은 흔적도 없이 낫는다. 오이풀(오이풀 생즙을 먹게 하고 연고로 만들어 바를 것. 화상의 신약이다). 선인장(선인장 껍질을 벗긴 후 찧어 붙인다).

12) 저분자 콜라겐 펩타이드

저분자 콜라겐 팹타이드는 피부병과 노화와 뼈 생성과 통증과 무릎관절과 골다공증과 근육과 혈관과 목디스크와 허리 협착증과 손톱 갈라짐과 탈모와 대머리와 주름과 색소와 모공과 간선피부와 피곤과 살찌는 것과 피부염증에 관여를 한다. 60이 되면 몸속에 콜라겐이 하나도 없이 제로 상태가 된다고 한다. 그런데 이 콜라겐은 생선과 생선껍질에 많이 들어 있다고 한다. 특히 저분자 콜라겐 펩타이드와 견과류(비오틴)를 같이 먹으면 탈모도 좋아지고 효과도 좋다고 한다. 콜라겐이 암의 전이도 막는다는 임상 결과가 나오기도 했다.

39. 폐와 관련된 질병에 좋은 약초들

1) 폐엔

비단풀(폐가 답답할 때는 비단풀을 차와 가루를 먹으면 효과 좋음). 환상덩굴(폐가 튼튼해짐). 호도. 가래나무 열매. 신선초(효과 좋음). 천문동. 약도라지. 맥문동(폐를 보호함). 봉삼(효과 탁월). 더덕(효과 좋음). 폐결핵에도 더덕이 좋음.

2) 폐렴엔

백선피(봉삼.탁월). 약모밀(어성초). 염주. 갈대 뿌리. 자귀나무꽃. 백급(폐를 튼튼). 천문동(폐를 튼튼하게 하며 폐암을 치료). 차조기(폐를 튼튼하게 함).

3) 천식엔

양하. 배. 약도라지(탁월). 머위(탁월함). 곰보배추(탁월함). 내복자(무씨가 탁월함). 진달래. 후박나무. 자귀나무꽃. 선인장. 호두(기침. 천식). 야생 개복숭아 씨 달인 물. 천문동. 세신. 함초. 아카시아 열매.

40. 피와 관련된 모든 약초

1) 혈액순환엔(피를 맑게함. 혈관)

양하. 마늘(위기탈출 넘버원에서 실험한 결과 마늘이 혈전을 제거하는데 탁월한 효과가 있었음. 수술 전에 마늘을 먹으면 피가 멈추지 않음. 혈액순환 개선 효과는 생마늘이 가장 효과가 좋고, 통으로 익혀 먹으면 전혀 효과가 없음. 마늘을 으깬 후 10분이 지나서 먹으면 70%까지 효과가 있었음). 현미 쌀눈. 부추(췌장암 말기에 걸린 할아버지가 적은 양의 부추를 요구르트 2개에 넣고 갈아서 하루에 두 번 정도 먹고 한 달 만에 피 검사를 했더니 정상으로 돌아옴. 두 달 만에 완치됨). 아스피린과 마늘(아스피린과 마늘이 탁월함). 사차인치(아주 탁월). 느타리버섯이 탁월함(느타리버섯은 말린 것으로 사용할 것). 삼채(명약. 탁월함. 마늘에 6배). 오메가-3(DHM). 굼뱅이(나쁜 피를 정화해 혈액 순환을 개선하는데 탁월함). 비트(혈액 정화 작용이 가장 강력함). 아마씨. 신선초. 복숭아. 땅콩. 부추(탁월). 매실. 생강. 굴. 미역. 다시마. 양파. 우엉(이들 식품에는 게르마늄이 함유되어 있는데 이 게르마늄은 피를 맑게 해주는 역할을 함). 마가목 열매(탁월함). 개복숭아(효과 탁월). 가지. 은행나무 잎. 구절초(효과 좋음). 생강. 비단풀. 지치. 석창포. 은행나무 잎. 부추. 절국대. 부처손. 석창포(뇌 혈전을 풀어줌). 익모초(혈전을 풀어줌). 찔레나무 새순.

2) 혈전엔

마늘(효과 탁월). 멜론(항산화 효소). 아로니아(탁월). 토마토(효과 좋음). 브로콜리(효과 좋음). 우슬. 구절초. 화살나무. 백작약. 숙지황(혈전을 풀어주는 명약). 다시마(탁월함). 달맞이꽃 종자유. 봉삼.

3) 어혈엔

사탕수수가 탁월(쿠바의 장수식품). 해초(미역. 다시마. 톳). 당위잎(효능 좋음). 쑥. 동백나무 꽃. 밀 싹(탁월). 생지황(특효약).

4) 중성지방 제거엔

마늘(탁월). 사탕수수(탁월. 쿠바의 장수식품). 오메가 3. 삼채

(명약. 탁월함. 유황성분이 마늘의 6배. 사포닌이 인삼의 60배). **양파를 먹으면 중성지방이 증가함. 크릴오일**(중성지방과 콜레스테롤을 낮추고 좋은 콜레스테롤은 높여준다. 3주 동안 먹으면 낮아짐. 하루 2g을 먹어라. 크릴오일은 저녁에 먹어야 함)

5) 핏속의 지방을 분해하는 데엔

삼채(명약. 탁월함. 유황성분. 마늘의 6배. 사포닌이 인삼의 60배). **아가위를 먹으면 좋음.**

6) 콜레스테롤을 낮춰주는 데엔

마늘(콜레스테롤의 천적이라 부를 정도로 좋음). **폴리코사놀**(좋은 콜레스테롤은 증가하고 나쁜 콜레스테롤은 낮아짐. 총콜레스테롤도 감소한다. 피로예방과 치매도 예방된다. 8명을 8주간 임상 실험한 결과 좋은 콜레스테롤이 50%씩 증가하고 나쁜 콜레스테롤은 감소했다. 그러나 지속적으로 복용하신 분은 거의 안 내려간다고 한다). **양파를 먹으면 오히려 콜레스테롤이 증가함. 크릴오일**(중성지방과 콜레스테롤을 낮추고 좋은 콜레스테롤은 높여준다. 3주 동안 먹으면 낮아짐. 하루 2g을 먹을 것. 크릴오일은 저녁에 먹어야 함). **스테비아**(설탕 대용. 당과 콜레스테롤과 칼로리가 전혀 없다). **사과를 하루에 1개씩 40일을 먹으면 나쁜 콜레스테롤이 40% 감소한다. 팽이버섯은 콜레스테롤 수치를 50% 감소시킨다. 톳. 부추 주스. 케일 주스. 아티초크. 식초**(탁월함). **뽕잎 식초. 명월초**(탁월). **렌틸콩. 스피룰리나. 땅콩 새싹**(땅콩을 콩나물로 처럼 키운 것으로 효과가 탁월함). **말룽가이. 아마란스 씨앗**(탁월함). 잣(콜레스테롤을 제거). 바나황금버섯. 신선초(콜레스테롤을 감소). 현미(콜레스테롤을 현격히 감소). 호두 기름(혈관에 콜레스테롤이 부착되는 것을 막음). 수수(콜레스테롤을 현격히 감소시킴). 아가위. 아사이베리(탁월). 다시마. 달맞이꽃 종자유. 하수오. 조릿대(효과가 뛰어남). 아가위(가장 세다). 남가새 열매. 수수. 호두. 가시오가피. 게르마늄(산소 공급을 돕는다)

41. 피로와 관련된 약초들

1) 피곤할 때엔

모링가(탁월함). 파극천 열매인 노니(효과 탁월). 계피에 꿀을 섞어 먹으면 효과 좋음. 진달래(탁월). 비타민B. 마그비. 순대국밥(탁월). 문어. 도다리. 당귀잎(효과 탁월). 토령탕, 가루(천기누설에서 갑상선암 수술 후 지렁이를 먹고 기력 회복). 당나귀 뼈 곰탕(천기누설 방영). 마카(탁월). 계혈등이 좋음.

2) 항피로(원기회복)엔

왕갈비와 순대국밥(원기회복엔 순대국밥과 왕갈비인데 순대국밥은 보신탕과 삼계탕과 장어보다 효과가 빠르고 탁월함). 마가목 열매(효과 탁월). 동충하초(효과 탁월). 가시오가피. 황기. 개암나무. 홍경천. 참마. 개별꽃. 작두콩. 부처손.

42. 각종 통증에 좋은 약초들

1) 통증엔

강활(아주 탁월). 지네(효과 좋음). 파극천 열매인 노니(탁월)

2) 전신통엔(온몸이 통증으로 아플 때)

강활(탁월).

3) 신경통엔

강활(탁월). 지네. 마가목 열매(효과 탁월). 그라비올라. 엄나무. 흰 봉선화. 노간주 열매 기름(특효약). 위령선.

4) 섬유근육통엔

바나나, 삶은 계란, 사과만 3개월 먹고 치료됨.

43. 중풍과 통풍에 좋은 약초

1) 중풍(뇌졸중엔)

침향(따뜻한 식품이라 혈액순환을 도와 혈전을 녹여 중풍 예방과 치료에 탁월하다). 혈액에 염증이 많으면 뇌졸중이 올 수 있다고 함. 강활(탁월). 아이스 플랜트(치료받은 사람 있음). 초석잠. 말룽가이(어떤 사람이 이것을 먹고 중풍 후유증에서 치료됨). 마가목 열매(효과 탁월). 노박덩굴(중풍 예방에 좋음). 개다래. 갈대뿌리(어떤 사람이 갈대 뿌리를 먹고 뇌경색을 치료 받음). 순비기나무(얼굴풍). 방풍나물(중풍의 묘약). 감즙(감즙은 중풍의 명약이다). 위령선. 겨우살이. 지치. 회화나무(효과가 크다). 세신. 천문동(풍습으로 인한 중풍). 줄풀 열매(효과 좋음). 흰 봉선화. 박하나무. 엄나무 순. 독활. 남가새. 천마(천마와 육모초를 같이 써서 먹으면 좋고). 천마(어떤 사람이 중풍 후유증으로 고생했는데 천마 가루와 물과 효소를 먹고 치료 받음). 은행나무잎 효소(은행잎 효소를 먹으면 되는데, 은행은 24시간 소금물에 담갔다가 다시 24시간 쌀뜨물에 담가 효소를 해먹으면 된다).

2) 통풍엔

통풍의 원인은 "퓨린"인데 이는 마른 멸치, 새우, 맥주와 술에 많이 들어 있다. 하루 멸치 복용량은 마른 멸치 8마리이다. 시금치와 멸치를 같이 먹으면 안 된다. 커피. 낙석등. 개다래(통풍의 명약임). 물푸레나무(진백목나무 라고도 하는데 통풍에 신통력이 있음). 접골목. 위령선(효과가 좋음). 톱풀. 딱지꽃뿌리.

44. 허리에 관련된 질병에 좋은 약초들

1) 협착증엔

홍국 식초(홍미 즉 붉은쌀로 만든 식초를 먹고 합착증에서 치료됨). 오동근(벽오동 나무)+단풍마+우슬+속단+두충+백출+엄나무=탁월함)

2) 허리 요통엔

어수리나물(왕상. 탁월). 지네(요통의 명약. 디스크에도 좋음). 구척(명약). 겨우살이(효과 좋음). 낙석등(효과 좋음). 두충나무(요통에 신비함). 우슬. 엄나무. 속단(아주 좋음). 가시오가피. 담쟁이덩굴. 함초. 단풍마(요통에 신비함). 하수오. 벽오동나무(요통과 디스크에 탁월함). 오동근(벽오동 나무)+단풍마+우슬+속단+두충+백출+엄나무=탁월함)

3) 담으로 인해 허리 아픈 것(삐끗한 것이 아니라 그냥 아픈 것)

생강나무와 우슬, 접골목을 넣고 끓여 먹었더니 이틀 만에 좋아짐. 강활(아주 탁월)

4) 근육통엔

어수리나물(왕상. 탁월). 지네. 두충(효과 좋음). 엄나무. 담쟁이덩굴. 무. 선인장(가시를 떼어 버리고 갈아서 소주잔으로 한 잔씩 먹어라). 노간주나무 열매 기름(특효약).

5) 삔 데엔

접골목. 생강나무를 먹으면 좋고.

47. 항생제와 방부제와 살균에 좋은 것

1) 천연 항생제엔

흰민들레. 고추냉이. 인동덩굴. 인동꽃. 황금. 황련. 초피. 황백. 어성초.

2) 천연방부제엔

회향. 차조기를 먹으면 좋음.

3) 항바이러스엔

스피룰리나. 인동초 어린 순(꽃에 약간의 독이 있음)을 먹으면 좋음.

4) 살균. 향균 작용엔

어수리나물(왕삼.탁월). 비단풀. 석창포. 봉삼. 약모일. 작두콩. 쇠비름. 매실. 아마씨. 소루쟁이 뿌리. 체리. 제비꽃. 당근. 우엉. 민들레. 질경이. 무. 당근. 양배추. 호두 기름. 칡(등칡은 독이 있음). 신선초와 매실이 좋고.

48. 오십견

어깨통증(오십견.석회화건염 등 통증이 있을 때는 "핌스" 치료하면 당일 또는 2주 후면 정상으로 치료된다. 주사바늘로 약을 투입하는 것이다. 어깨통증은 대부분 염증으로 시작된다) 생강나무(오십견이 치료됨). 파프리카(먹고 치료됨). 마그비(양약인데 아주 탁월). 우술(우술+생강나무+칡) 지네. 말룽가이(효과 좋음).

49. 가슴 두근거림엔 백합화

가슴이 아플 때는 비단풀(폐가 답답하고 가슴이 아픈 분은 비단풀 차와 가루를 먹을 것). 오디(오디는 피곤을 풀어주고, 변비에도 좋다). 블루베리. 산목련.

50. 각종 증후군엔 오디. 블루베리

간질엔(간질병엔) 말벌집노봉방(탁월). 강활(탁월). 여로(탁월). 찔레 버섯(간질의 명약). 아사이베리. 당귀. 개머루. 천마(효과 좋음). 흰 무궁화 뿌리(효과 좋음). 방풍. 개머루덩굴. 구기자(간질병의 특효약). 주자(간질병에 탁월한 효과가 있다고 함). 조각자나무. 부처손. 감초. 오미자(효과 좋음). 여로(효과 탁월하나 독성이 강함). 흰 봉선화. 비파엽. 조구동(간질억제). 복수초(독성이 있음). 찔나무버섯(간질병의 명약). 시호뿌리.

결핵엔 울금(울금을 먹고 결핵이 치료받음). 마가목 열매(효과 좋음). 백부근(효과 탁월). 개머루. 웅담. 황련. 인진쑥. 오이풀. 소루장이. 은행나무잎. 원추리. 짚신나물(폐결핵으로 피를 토할 때 좋음). 전나무. 개복숭아(돌복숭아 진과 다시마를 같이 먹으면 결핵균이 죽음).

견비통엔 노간주나무 열매 기름(특효약). 위령선를 먹으면 좋음.

갱년기엔 칡이 명약임(등칡은 독이 있음). 석류. 아사이베리. 승마. 아마씨(효과 탁월). 사과. 부추. 아몬드.

기미, 주근깨, 여드름엔 봉삼 분말로 팩하라(아주 뛰어남). 알로에. 어성초. 탱자. 계피(계피에 꿀을 섞어 팩을 하면 효과 좋음). 고삼(여드름 치료의 특효). 산목련. 접골목. 천문동(여드름과 주근깨). 싸리나무 달인 물로 목욕하면 좋음.

키토산엔 게. 새우. 팽이버섯(가장 많이 들어 있음).

경기엔 찔레 버섯(명약)

권태증엔 강활이 탁월함.

나병엔 도꼬마리가 좋음.

난치병엔 함초가 좋음.

땀이 많이 날때는 황기(명약).

대상포진엔 비단풀. 당귀(아주 좋음). 용뇌(빙편). 산해박을 먹으면 좋음.

로얄제리(꿀)란 일벌이 되는 애벌레를 벌집 큰 곳에 옮겨 놓으면 이것이 여왕벌이 된다. 이때 이 여왕벌이 되는 애벌레가 먹는 것이 바로 로얄젤리다.

멀미엔 생강이 좋음.

맹장염엔 개머루 열매. 인동덩굴. 민들레. 마타리 뿌리. 별꽃.

멍들었을 땐(멍엔) 숙지황(명약)이 좋음.

면역력엔 동충하초가 좋음.

비만 치료엔(다이어트엔) 사차인치(내장 비만에 좋음). 흑미(탁월). 팽이버섯(가장 탁월함). 탄산수(포만감을 줌). 삼채(명약. 탁월함). 우엉(우엉 뿌리 차를 3개월동안 먹으면 30kg 감량함). 현미와 미강(탁월). 렌틸콩(3개월에 8lg 빠짐. 탁월). 잎새버섯. 아마란스 씨앗(탁월함). 아로니아(탁월). 지치. 마디풀. 흰 무궁화 꽃. 함초(함초+강황). 줄풀 열매(효과 좋음). 작두콩. 잣(날것은 비만 치료에 탁월함). 줄뿌리와 잎을 먹으면 좋음.

부종엔(각종 부종) 으름나무 덩굴(효과 탁월). 마디풀.

뱀독과 개와 쥐와 고양이에게 물렸을 땐 야관문(삼엽초). 오이풀(광견병)을 먹고 바르면 좋고.

성장엔 근대. 아교(당나귀 가죽을 말린 것으로 효과 좋음). 숙지황(발육부진에 좋음). 녹용. 구척.

숙취엔 땅콩 새싹(땅콩을 콩나물처럼 키운 것으로 효과가 탁월). 이고들빼기(알코올 분해 뛰어남). 백두구. 갈대 뿌리. 감즙. 오리나무. 호깨나무 열매. 천마. 칡(등칡은 독이 있음). 도꼬마리(알코올 중독자에게 계속 먹이면 술을 끊음). 지치. 조릿대(효과 큼). 오이즙(알코올 중독으로 코가 빨갛게 되었을 때). 줄뿌리(알코올로 인한 간 손상). 갈대뿌리

생선 가시가 걸렸을 땐 흰 봉선화 가루(치아를 녹임으로 이에 닿지 않게). 위령선을 먹으면 좋음.

장수식품엔 백하수오. 명월초. 구기자. 천마. 명월초(장수

초로 유명함) 둥굴레. 보골지.

열엔(해열연) 강활(탁월) 갈대 뿌리. 지치. 인동덩굴. 제비꽃. 청미래덩굴잎과 잔가지를 먹으면 좋고.

일사병엔 오이즙을 먹으면 좋고.

임파선엔 머위. 국화. 꼭두서니. 개복숭아. 자귀나무. 소루쟁이.

에이즈엔 잎새버섯(탁월). 초피나무.

치질엔 작두콩. 비단풀. 예덕나무. 회화나무. 하수오. 함초.

타박상엔 지황. 단풍마. 속단. 노박덩굴 뿌리.

파킨슨엔 두통약을 자주 먹으면 파킨슨에 걸린다. 봉삼(특효약)+계란+봉침+꿀이 좋음. 파킨슨은 서울대 신경외과에서 수술 받으면 거의 완쾌 된다. 파킨슨은 도파민의 이상으로 오는 것이다. 우리 뇌에서 도파민이 많이 분비되면 감성적인 사람이 되어 조울증에 걸리고, 적게 분비되면 우울증이나 파킨슨이 온다. 그렇다면 왜 도파민이 분비되지 않는가? 그것은 도파민 분비하게 하는 세포가 죽었기 때문이다. 도파민 분비하는 세포가 왜 죽는가? 이는 염증 때문인데 이 염증은 과로와 스트레스와 농약으로 온다. 그래서 농촌 사람들이 파킨슨에 많이 걸리는 것이다. 그리고 이 염증을 없애는 것이 봉삼이다. 고로 봉삼이 파킨슨에 특효약이라 할 수 있다. 또 다른 특효엔 봉침이 있다. 봉침을 맞는 이유는 로얄젤리 때문이다. 로얄제리는 꿀에도 많이 들어 있으므로 파킨슨 환자는 봉삼과 로얄젤리와 계란 후라이를 먹어야 한다. 그래야 파킨슨이 더 이상 심하게 진행되지 않고 멈추는 것이다. 뇌세포는 한번 죽으면 재생이 되지 않기에 파킨슨이 불치병인 것이다. 그런데 이런 것들을 먹으면 염증을 죽이기에 뇌세포가 더 이상 죽지 않아 파킨슨이 더 이상 진행되지 않는 것이다. 일단 파킨슨에 걸리면 인공 도파민을 죽을 때까지 먹어야 한다. 솔잎 끝에 있는 영양분(투명하게 푸른빛이 보임)을 효소로 담아 먹고 휠체어를 타셨던 분이 걸어 다님(참고로 솔잎은 겨울에 채취하는 것이 좋다. 왜냐하면 솔잎 끝에 있는 영양분이 겨울 솔잎에만 맺히기 때문이다).

효소 담는 방법 효소를 담글 때는 한 가지 약초로 담는 것보다 5가지 이상의 약초로 담글 때 독은 제거되고 약효는 배가 된다. 그리고 산야초 효소엔 매실 효소를 10-20%를 첨가하면 좋고, 매실도 3년 정도 속성시킨 것이 좋다고 한다.

활성산소제거엔 활성산소는 암의 원인이다. 식초와 죽염이 탁월함.

제 6 장

함께 먹으면 나쁜 음식들과
함께 먹으면 좋은 음식들

1. 함께 먹으면 나쁜 음식들

1) 장어와 복숭아

장어를 먹고 복숭아를 먹으면 설사가 나기 쉽다. 그 이유는 장어의 지방 소화에 이상이 초래되기 때문이다. 장어의 21%나 되는 지방은 평소 담백하게 먹던 사람에게는 소화에 부담을 주게 되어 있다. 지방은 당질이나 단백질에 비해 위에 머무는 시간이 길고 소장에서 소화효소인 리파아제의 작용을 받아 소화된다. 복숭아에 함유된 유기산은 위에서 변하지 않으며 십이지지장을 거쳐 소장에 도달한다. 십이지장과 소장은 위와는 달리 알칼리성이다. 그러므로 새콤한 유기산은 장에 자극을 주며 지방이 소화되기 위해 작게 유화되는 것을 방해하므로 자칫 설사를 일으키기 쉽다.

2) 맥주와 땅콩

맥주는 알코올을 4~5% 가지고 있는 기호성 음료여서 마실 때 간단한 스낵이나 안주를 곁들이게 마련이다. 가장 흔하게 먹는 것이 땅콩이다. 고소한 땅콩 맛이 쌉쌀한 맥주와 잘 어울리고 땅콩이 함유하는 단백질과 지방 그리고 비타민 B군은 간을 보호하는 영양 효율도 높다. 그러나 이렇게 훌륭한 땅콩도 보관저장을 잘못하면 인체에 매우 유해한 것으로 변모한다는 사실이 최근에 밝혀졌다. 겉껍질과 속

껍질까지 까서 만들어진 것이 유통되고 있는데 이것은 먹기는 편하지만 위생적으로 문제가 있다. 땅콩은 껍질을 벗겨서 공기에 노출시키면 지방이 산화되어 유해한 과산화지질이 만들어지기 쉽다. 뿐만 아니라 고온 다습한 환경 속에서는 배아 근처에 검은 곰팡이가 피는데 그렇게 되면 아플라톡신이라는 성분이 만들어진다. 이 아플라톡신은 간암을 유발하는 발암성 물질이다. 무심코 집어먹는 맥주 안주로 이런 것은 피해야 한다.

3) 오이와 무

무생채나 물김치를 만들 때 무심코 곁들이는 것이 오이다. 오이 색깔은 흰 무와 어울리고 맛도 있어 많은 사람이 이용하고 있는데, 이것은 잘못된 배합이다. 오이에는 비타민 C가 존재하지만 칼질을 하면 세포에 있던 아스코르비나제라는 효소가 나온다. 이것은 비타민 C를 파괴하는 효소다. 따라서 무와 오이를 섞으면 무의 비타민 C가 많이 파괴된다.

4) 도토리묵과 감 곶감

도토리묵은 수분이 88%나 되며 100g에서 45Kcal 밖에 열량이 나오지 않아 비만증인 사람에게는 좋은 식품이라고 할 수 있으나 타닌이 남아 있어 변비가 있는 사람은 안 먹는 것이 좋다. 또 도토리묵을 먹고 후식으로 감이나 곶감을 먹는 것은 나쁜 배합이 된다. 감이나 곶감에도 떫은맛을 못

느끼는 불용성 타닌이 존재하기 때문이다. 이렇게 타닌이 많은 식품을 곁들여 먹으면 변비가 심해질 뿐 아니라 빈혈증이 나타나기 쉽다. 적혈구를 만드는 철분이 타닌과 결합해서 소화흡수를 방해하기 때문이다.

5) 토마토와 설탕

토마토는 약간의 이상한 냄새와 풋내가 나므로 흔히 설탕을 듬뿍 넣어서 먹는 일이 많다. 그러나 이것은 잘못된 식생활로 평가할 수 있다. 설탕을 넣으면 단맛이 있어 먹기는 좋을지 모르나 영양 손실이 커지는 것이다. 토마토가 가지고 있는 비타민 B는 인체 내에서 당질 대사를 원활히 하여 열량 발생 효율을 높인다. 설탕을 넣은 토마토를 먹으면 비타민 B가 설탕대사에 밀려 그 효과를 잃고 만다. 토마토는 그대로 먹는 것이 가장 바람직하다. 토마토에는 칼륨 함량이 많아 생리적으로 보아 설탕보다는 소금을 조금 곁들여 먹는 것은 옳은 식생활이다.

6) 커피와 크림

살이 쪄서 고민하는 사람들의 커피 마시는 습관을 보면 으레 설탕을 빼는데 프림이나 프리마를 듬뿍 넣는 것을 볼 수 있다. 그렇게 마시면 살찔 염려가 없을 것으로 착각하고 있는데 실은 설탕을 넣는 것보다 살이 더 찌게 되어 있다. 비만이 걱정인 사람은 커피를 마실 때 크림과 설탕을 함께 빼고 마셔야 한다. 또 커피의 은은하고 깊은 향미를 음미하려면 프림이나 프리마 등을 안 넣는 것이 좋다.

7) 당근과 오이

당근에는 비타민 A의 모체인 카로틴이 대단히 많아 100g에 4,100 I.U의 비타민 A 효력을 가지고 있다. 그런가 하면 비타민 C를 파괴하는 아스코르비나제를 오이와 마찬가지로 가지고 있다. 그러므로 오이와 마찬가지로 생채를 만들 때 당근과 오이를 섞는 것은 좋지 않다. 그러나 아스코르비나제는 산에 약한 성질을 가지고 있으므로 생채를 만들 때 식초를 미리 섞으면 비타민 C의 파괴를 방지할 수 있다.

8) 게와 감

게는 식중독균의 번식이 대단히 잘 되는 고단백 식품인데다 감은 수렴 작용을 하는 타닌 성분이 있어 소화불량을 수반하는 식중독의 피해를 보는 사람이 많기 때문에 조심해야 한다.

9) 조개와 옥수수

조개류는 부패균의 번식이 잘 되는 수산물이며, 산란기에는 자신을 적으로 부터 보호하기 위해 독성물질을 생성하기도 한다. 이러한 조개를 먹고 소화성이 떨어지는 옥수수를 먹으면 배탈이 나기 쉽다.

10) 문어와 고사리

문어는 고단백 식품이기는 하나 소화에 부담이 간다. 고사리는 섬유질이 3% 이상이어서 위장이 약한 사람은 소화불량을 초래하기 쉬우므로 문어와 함께 먹으면 문제가 생기기 쉽다.

11) 메밀과 우렁이

우렁이는 먹으면 귀신 눈같이 밝아진다고 해서 귀안청이라고 불려 왔다. 우렁이는 단백질 10%, 지방 1.4%를 함유하는 담백한 식품이다. 그러나 조직이 단단해서 꼭꼭 씹지 않으면 소화가 잘 되지 않는다. 맛이 색다르고 꼬들꼬들하다고 해서 빨리 먹으면 아무리 소화성이 우수한 메밀국수를 먹는다 하더라도 소화불량이 되기 쉽다.

12) 간과 수정과

동물의 간은 각종 영양소가 풍부하기 때문에 영양의 보고라고 한다. 특히 빈혈 환자에게 필요한 영양소를 골고루 가지고 있으며 흡수되기 쉬운 철분의 함량도 많다. 간을 먹고 수정과를 먹으면 곶감 중의 타닌이 철분과 결합해서 흡수 이용을 방해한다. 빈혈이 있는 사람에게는 감이 나쁘며 몸이 차가워지는 원인이 된다.

13) 미역과 파

파를 다듬어 보면 미끈미끈한 촉감을 느끼게 되는데 점질

물이 있기 때문이다. 미끈미끈한 미역국에 미끈한 파를 섞으면 음식 맛을 느끼는 혀의 미뢰세포 표면을 뒤덮어 버리게 된다. 그렇게 되면 고유한 음식의 맛을 느끼기가 어려워진다. 이것은 영양적 문제가 아니라 미역과 파가 가지고 있는 물리성 때문에 생기는 것인데 배합이 서로 맞지 않는 것이다. 파의 성분을 보면 인, 철분이 많고 비타민이 많은 것이 특색이다. 녹색 부분에는 비타민 A가 있고, C도 많다. 그런가 하면 파의 자극 성분으로 황화알린이 있는데, 마늘에 들어 있는 알린도 있어 비타민 B1 유도체가 된다. 이 알린은 창자에서 비타민 B1과 결합하여 쉽게 흡수되고 이용도가 높은 새로운 비타민 B1으로 변하게 하는 작용을 한다. 그러나 파에는 인과 유황이 많아 미역국에 섞으면 미역의 칼슘 흡수를 방해하는 것이다. 그래서 미역국에 파를 섞으면 맛만 어울리지 않는 것이 아니고 영양 효율도 떨어지게 된다.

14) 팥과 소다

팥은 떡고물이나 팥죽의 재료로 애용되는 곡류이다. 단백질이 21%, 당질이 56%나 들어 있고, 곡류 중에서 보기 드물게 비타민 B1이 많아 100g 중에 0.56mg이나 들어 있다. 그러나 팥은 단단해서 오래 푹 삶아야 한다. 그래서 빨리 익히려고 소다를 넣고 가열하는 과학적 방법이 생겨났다. 빨리 무르기는 하나 비타민 B1이 소다와 만나 파괴되므로 옳지 않은 조리법이다.

15) 선짓국과 홍차

해장국인 선지는 고단백에 철분이 많아 빈혈증 치료에 특효를 가진 식품이다. 선짓국이나 순대를 먹고 홍차나 녹차를 마시면 철분의 이용도가 반감되고 만다. 타닌산철이 만들어지기 때문이다.

16) 치즈와 콩류

치즈는 단백질과 지방이 풍부한 영양식품이다. 뿐만 아니라 치즈에는 100g 중 칼슘이 600mg 이상 들어 있다. 콩도 고단백, 고지방 식품이기는 하나 칼슘보다 인산의 함량이 월등히 많다. 치즈와 콩류를 함께 먹으면 인산칼슘이 만들어져 빠져나가 버리고 만다.

17) 시금치와 근대

시금치는 뛰어난 채소이기는 하나 '옥살산'이 대단히 많다. 이것이 인체 내에서 수산석화가 되면 결석이 만들어진다. 그런데 근대라는 채소에도 수산이 많으므로 신석증이나 담석증의 염려가 생기는 것은 당연한 일이다. 이 옥살산은 물에 으깨어 씻거나 삶으면 많은 양이 분해된다.

18) 우유와 소금, 설탕

우유에 익숙지 않은 사람은 흔히 소금이나 설탕을 넣어 마시는 경우가 있다. 맛이 진하게 느껴질지 모르나 바르게 먹는 방법이라고 할 수 없다. 우유에는 알맞은 염분이 들어 있고, 짜게 먹으면 건강상에 문제가 있다. 설탕을 넣으면 단맛 때문에 마시기는 좋아질지 모르나 비타민 B1의 손실이 커진다. 우유는 꼭꼭 씹어 먹으면 우유가 갖는 풍미를 음미할 수 있고 흡수도 잘 된다.

19) 산채와 고춧가루

산채로 나물을 무치는데 기름, 깨, 소금, 간장 등 조미료를 사용해서 맛을 내는 것이 보통이다. 이렇게 해서 만든 산채 나물은 충분히 산채 고유의 풍미를 맛 볼 수 있어 좋은 것이다. 그런데 최근 고추의 매운맛을 무척 좋아하게 된 것이 한국인이다. 고추의 특성은 매운맛과 붉은 시각적인 효과를 볼 수 있다. 매운맛은 캡사이신이라는 성분인데, 0.2~0.4% 밖에 안 들어 있는데도 매운맛이 대단하다. 은은한 산채의 풍미를 맛보는데 고춧가루를 듬뿍 친다면 혀가 얼얼해져서 도저히 제 맛을 느낄 수 없다. 고춧가루와 잘 어울리는 상대역 식품이 따로 있는데 덮어 놓고 아무것에나 사용하는 것은 잘못된 일이다.

20) 로얄제리와 매실

매실은 과일 중에서 신맛이 가장 강한 것이다. 매실은 유기산으로 구연산, 피크린산, 카테킨산 등을 많이 가지고 있기 때문이다. 그 중에서도 구연산이 가장 많아 5%나 된다. 매실을 한 입 물면 참기 어려운 신맛이 나는 것을 우리는 잘 알고 있다. 그래서 매실은 위장에서 강한 산성반응을 나타내어 유해 세균의 발육을 억제해서 식중독을 예방하거나 치료하는 것이다. 그밖에도 설사, 변비, 피로회복에 뛰어난 효능을 나타낸다. 그런데 서로 다른 특성을 가지고 있는 로얄제리와 매실을 함께 먹거나 섞어 먹으면 로얄제리의 활성물질이 산도의 갑작스런 변화를 받게 된다. 그렇게 되면 로얄제리의 효과는 없어지고 매실의 특성도 약화되는 것이다.

21) 홍차와 꿀

홍차에 꿀을 타면 영양 손실이 생겨서 좋지 않다. 즉 홍차 성분 중의 떫은 맛 성분인 타닌이 꿀 중의 철분과 결합해서 인체가 흡수할 수 없는 타닌산철로 변하기 때문이다. 그래서 홍차와 꿀은 궁합이 안 맞는 것이다.

22) 스테이크와 버터

스테이크용 고기는 안심과 등심으로 상당한 지방분이 함유되어 있어 콜레스테롤도 상당히 들어 있는 것이다. 버터는 칼로리가 높고 맛이 좋은 장점이 있기는 하나 콜레스테롤의 함량이 매우 많은 식품인 것이다. 콜레스테롤이 있는 쇠고기로 스테이크를 만들 때 버터를 사용하게 되면 콜레스테롤의 피해를 받지 않을 수 없는 것이다.

23) 도라지와 돼지고기

호흡기가 좋지 않은 사람은 도라지를 많이 먹는데, 도라지는 돼지고기와 상극이다. 도라지에는 기침, 가래, 천식 등 기관지 질환에 좋은 사포닌이 풍부한데, 돼지고기의 지방이 그 효능을 떨어뜨리기 때문이다.

24) 시금치와 두부

단순히 영양 손실을 부추기는 데 그치지 않고 몸에 해를 끼치는 결합도 있다. 시금치와 두부는 그 자체만으로는 최고의 식품이다. 하지만 둘이 만나면 결석을 만들 수 있다. 시금치의 옥살산과 두부의 칼슘이 만나 만들어지는 수산칼슘은 불용성이라 몸에 흡수되지 않고 결석을 유발할 수 있다.

25) 샐러드와 마요네즈

샐러드는 다이어트를 하는 사람에게 인기가 높다. 그러나 고소한 맛을 내기 위해 마요네즈를 듬뿍 쳐서 먹는 사람이 많은데 마요네즈 100g이 내는 열량은 무려 698cal나 되어 다이어트를 할 때 먹는 마요네즈는 고열량으로 효과가 없다.

26) 메밀과 우렁이

메밀은 여귀과에 속하는데 보통메밀, 타타르메밀, 날개형 메밀 등이 있으며 서늘하고 습한 사질, 건조토양에서 잘 자란다.

메밀가루는 단백질이 12.5%나 되고 라이신, 시스틴, 트립토판 등 일반 곡물에 부족 되는 아미노산을 가지고 있어 단백질이 80%나 되어 식물성으로는 높은 편이다. 비타민 B1이 특히 많고 모세혈관을 강하게 하는 루틴을 가지고 있어 고혈압환자에게 특히 좋다. 메밀가루는 케익을 만드는데 쓰이지만 동양에서는 밀가루를 섞어 면을 만들거나 묵을 만들어 먹는다.

우렁이과에 속하는 고동을 우렁이라고 하는데 광족류에 속하는 연체동물이다. 우렁은 조직이 단단하기 때문에 오랫동안 끓인 것을 먹으면 소화효소의 작용이 어려워 위장이 약한 사람에게 부담스러울 수가 있다. 맛이 색다르고 꼬들꼬들하다.

그러나 빨리 먹으면 아무리 소화성이 우수한 메밀국수를 먹는다 하더라도 소화불량이 되기 쉽다.

27) 포도주와 식초

포도주는 역사가 오래된 대표적인 술인데 건강에 도움이 된다고 해서 최근 소비가 늘어나고 있는 추세이다.

식사 중에 곁들여 먹는 것이 포도주인데 샐러드가 나올 때에는 포도주는 안 마시는 것이 원칙으로 되어 있다.

그 이유는 샐러드는 채소이지만 양념을 하기 위해 드레싱이 쓰인다. 드레싱은 식용유와 식초가 주원료이므로 새콤한 맛을 가지고 있다. 포도주의 예민한 맛을 느낀 혀가 드레싱과 접촉되게 되면 식초의 신맛 때문에 포도주 고유의 향미를 상실하게 되기 때문이다. 포도주를 오래두면 식초로 변하는 것을 알 수 있다.

말하자면 식초는 포도주가 변질된 것이어서 궁합이 안 맞는 것이다.

28) 바지락과 우엉

바지락의 철분 흡수를 우엉의 섬유질이 방해한다. 바지락은 철이 많이 들어 있어 빈혈 예방에 효과적인 조개류이다.

보통 볶음이나 국으로 만들어 먹는다. 우엉요리는 함께 상에 올리지 않도록 주의한다. 우엉의 섬유질은 바지락의 철분 흡수율을 떨어뜨리기 때문이다. 철분 흡수는 칼슘이 도와주므로 우유나 유제품, 뼈도 먹는 생선을 함께 먹는 것이 좋다.

29) 자두와 날짐승 요리

자두라는 새콤한 과일을 '오얏'이라고도 하는데, 중국음식인 송화단(오리알)과 같이 먹으면 중독이 되고 참새고기와 닭고기, 청어구이와도 맞지 않는다. 자두가 화학적으로 특성이 강한 과일이기 때문이다.

30) 수박과 튀김요리

수박을 먹고 기름기가 많은 튀김종류를 먹는 것은 바람직하지 못하다.

수박은 위액을 엷게 만드는 작용을 하는데 기름기가 같이 들어가면 소화가 잘되지 않기 때문이다.

2. 함께 먹으면 좋은 음식

(1) 불고기와 들깻잎

쇠고기의 주성분은 단백질이며 칼슘과 비타민 A가 매우 적고 비타민 C는 전혀 안 들어있다. 그런데 들깻잎에는 칼슘과 철분, 비타민 A와 C가 많이 들어 있다. 쇠고기에는 성인병의 원인이 되는 콜레스테롤이 많은데 참기름과 같은 식물성 기름과 함께 먹으면 콜레스테롤이 혈관에 참투하는 것을 예방해 준다. 들깻잎에는 쇠고기에 적은 칼슘 등 무기질이 많고 비타민 A와 C가 많을 뿐 아니라 녹색을 띠는 엽록소를 가지고 있다. 이 엽록소는 직접적인 영양소는 아니나 세포부활 작용, 지혈 작용, 강심 말차혈관 확장 작용, 상처치유 촉진 작용, 항알레르기 작용 등 특별한 생리작용을 가지고 있다. 들깻잎에는 다른 채소가 도저히 따를 수 없을 정도의 많은 양의 비타민 C가 있다. 거기에다 양질의 섬유소를 가지고 있어 고기를 많이 먹었을 때 생기기 쉬운 변비를 예방하는 효과도 크다.

(2) 스테이크와 파인애플

연육이란 사람이 고기를 먹고 위장에서 소화되는 과정의

일부가 진행되는 것과 같은 것이다. 우리나라에서 전통적으로 사용해 온 연육제는 배와 무였다. 배와 무에는 단백질 분해효소와 지방분해 효소가 들어있어 고기와 함께 재어두면 연육 효과가 있었던 것이다. 다른 나라에서는 무화과와 파파이아, 파인애플 등을 연육제로 사용한다. 파인애플의 브로멜린은 0.005%의 미량을 고기 표면에 살포해도 연육 효과가 크게 나타난다. 스테이크 요리를 할 때 파인애플의 브로멜린 처리를 하지 않더라도, 스테이크와 곁들여 먹거나 스테이크를 먹고 후식용 과일로 파인애플을 먹으면 소화가 촉진된다.

(3) 돼지고기와 표고버섯

돼지고기는 고기 고유의 냄새와 콜레스테롤 함량이 많은 것이 결점이라 할 수 있다. 그래서 돼지고기 요리에는 생강이나 마늘, 고추 등의 향신료를 적당히 사용하게 되었다. 콜레스테롤의 체내흡수를 억제하고 혈액 중의 콜레스테롤이 혈관에 눌러 붙지 않게 조리하는 것이 현명한 일이다. 이러한 효과가 기대되는 물질로는 비타민 D와 E, F와 레시틴을 들 수 있다. 표고버섯에는 첫째, 양질의 섬유질이 많아 함께 먹는 식품 중의 콜레스테롤이 체내에 흡수되는 것을 억제한다. 둘째로 특별한 생리작용을 하는 에리타데닌이라는 물질이 들어 있어 혈압을 떨어뜨리는 특이한 효능이 있다. 표고버섯 추출물 중에서 이온교환수지법으로 이 생리적 활성물질이 분리 확인되었다. 셋째로 표고버섯에는 당질 중에 렌티난을 비롯한 6종류의 다당체가 존재한다. 이것은 항종양성을 나타내는 물질임을 실험적으로 밝혀졌다. 예로부터 표고버섯이 항암효과가 있는 식품으로 알려졌는데 그것이 과학적으로 입증된 셈이다. 이 물질은 표고버섯을 뜨거운 물로 우려내면 쉽게 얻어진다. 넷째로 면역기능을 항진하는 KS-2를 함유하고 있다.

이 물질은 인플루엔자 바이러스의 감염에 항바이러스 활성을 가지고 있다. 다섯째로 비타민 D의 모체인 에르고스테롤을 가지고 있어 항꼽추작용을 나타낸다. 이밖에도 많은 성분이 밝혀지고 있는데 미시간 대학에서의 연구에 따르면 렌티나싱과 인터페론인듀서도 확인되고 있다. 이 렌티나싱도 콜레스테롤 수치를 떨어뜨리는 힘을 가지고 있다고 한다. 이상 살핀 것은 표고버섯이 가지고 있는 효능의 일부에 지나지 않는다. 이러한 효능을 가지고 있는 표고버섯이 고단백·고지방식품인 돼지고기와 잘 어울리는 식품이라는 것을 이해할 수 있을 것이다.

(4) 돼지고기와 새우젓

삶은 돼지고기를 가장 맛있게 먹는 방법은 새우젓에 찍어 먹는 것이다. 기름진 돼지고기에 짭짤한 새우젓을 곁들이면 고기의 맛도 좋아질 뿐 아니라 소화도 잘 된다. 돼지고기의 주성분은 단백질과 지방이다. 단백질이 소화되면 펩

다이드를 거쳐 아미노산으로 바뀌는데, 이때 필요한 것이 단백질 분해효소인 프로타아제다. 새우젓은 발효되는 동안에 대단히 많은 양의 프로타아제가 생성되어 소화제 구실을 한다. 사람들이 지방을 먹으면 췌장에서 나오는 리파아제라는 지방 분해효소의 작용을 받는다. 그러면 지방은 가스분해되어 지방산과 글리세린으로 바뀌어 흡수된다. 지방 분해효소의 힘이 부족하면 지방이 분해되지 못해 설사를 일으키게 된다. 그런데 새우젓에는 강력한 지방 분해 효소인 리파아제가 함유되어 있어 기름진 돼지고기의 소화를 크게 도와주는 것이다.

(5) 닭고기와 인삼

더위도 일종의 스트레스로 이 스트레스를 누그러뜨리는 효과가 있는 인삼을 백숙과 연결시킨 슬기는 대단하다고 평할 수 있다. 더위라는 스트레스를 받으면 몸 안의 단백질과 비타민 C의 소모가 많아진다. 따라서 양질의 단백질과 비타민 C를 충분히 섭취해야 한다. 닭고기는 매우 훌륭한 고단백질 식품이다. 여름 별식인 삼계탕은 인삼의 약리작용과 찹쌀, 밤, 대추 등의 유효성분이 어울려 영양의 균형을 이루고 있어 훌륭한 스태미나식이 된다.

(6) 닭고기와 잉어

잉어와 닭은 고단백식품인 점에서 비슷한 것으로 볼 수가 있다. 잉어는 단백질이 22%이고 닭은 21%나 된다. 이 두 가지로 만든 용봉탕(용에 상당하는 것이 잉어이고, 봉에 해당하는 것이 닭이다.)은 궁합이 별로 안 맞을 것이라고 생각하기 쉽다. 그러나 이 배합은 합리적이라는 것이 과학적으로 입증이 되고 있다. 첫째가 아미노산의 보완관계이다. 단백질을 구성하고 있는 아미노산이 약 20종인데 식품마다 그 함량이 각기 다르다. 일반적인 계산에선 1+1=2의 셈이 되나 식품의 경우에는 종류에 따라 1+1=3도 되고 4도 되는 효과가 나타난다. 이것을 아미노산의 상승효과라고 하는데 잉어와 닭은 이 효과가 크다. 두 번째가 콜레스테롤 함량을 보면 100mg에 잉어는 75mg이고 닭고기는 112mg으로 닭고기에는 상당히 많다. 그런데 잉어에는 혈중 콜레스테롤 값을 낮추어 주는 불포화 지방산이 3.79%나 들어있다. 또 용봉탕에는 표고버섯과 목이버섯을 쓰기 때문에 산성을 중화하며 콜레스테롤저하 효과도 기대되는 것이다.

(7) 간과 우유

간은 독특한 냄새가 심하게 나서 기호성이 떨어진다. 이것을 해결하는 훌륭한 파트너가 바로 우유이다. 냄새를 뺀다고 조리 가공할 간을 썰어서 물에 담그면 좋지 않은 냄새와 맛이 조금은 빠진다. 그러나 그 효과가 크지 않으며 눈에는 안보이나 수용성 영양소인 일부 단백질 즉 당질, 칼륨 등과 비타민 B, C 등의 무기질의 손실이 매우 크다. 이때 물 대신 우유를 쓰면 사태는 완전히 달라진다. 칼로 썬 간을 한동안 우유에 담가두면 간의 나쁜 냄새와 맛이 상당히 많이 제거된다. 우유의 미세한 단백질입자가 간의 좋지 못한 성분에 흡착하기 때문이다. 물에 담그면 수용성성분이 손실이 큰 것과는 달리 우유에 담그면 영양 손실이 거의 없다. 그 이유는 간이나 우유는 다 같이 생물체의 일부이므로 그 무기질, 비타민, 단백질 함량이 비슷해 한편으로 빠져나가는 역삼투압 현상이 일어나지 않는다. 영양의 손실이 없는데다 나쁜 냄새와 맛의 제거효과가 크므로 일석이조의 효과를 거둘 수 있다.

(8) 미꾸라지와 산초

산초엔 상쾌한 향이 있어 미꾸라지의 비린내를 제거하는데 제일 잘 어울리는 향신료이다. 같은 원리로 장어요리를 할 때 양념으로 쓰는 것도 맛을 내는 비결의 하나로 되어있다. 산초는 한방뿐만 아니라 민간요법으로도 널리 이용되어 왔다. 위하수와 위확장증 등에 응용하기도 했는데 건위, 소염, 이뇨, 국소흥분, 구충제 등 용도가 많았다. 산초는 위장을 자극해서 신진대사가 기능을 촉진하는 생리적 특성을 갖고 있다. 음식마다 알맞는 양념이 따로 있는데 추어탕에는 산초가 꼭 필요한 향신료이다.

(9) 복어와 미나리

복어는 비만 때문에 고생하는 사람에게 좋은 식품이며 당뇨병이나 간장질환을 앓고 있는 사람의 식이요법용으로도 추천된다. 지방이 적고 양질의 단백질이 많아 술 마신후의 해장국으로도 인기가 높다. 복어를 먹으면 신통하게 체내의 불화가 사라지고 염동설한의 추위도 잊게 된다고 한다.

흔히 먹는 복어탕을 끓일 때 미나리를 곁들이면 맛의 조화를 이룰 뿐 아니라 해독의 효과를 어느 정도 기대할 수 있어 좋다. 미나리는 피를 맑게 하는 식품으로 알려져 왔는데 옛 문헌을 보면 혈압 강하, 해열 진정, 해독, 일사병 등에 유효하다고 소개되어 있다. 미나리에는 칼슘, 칼륨, 철, 비타민 A, B, C 등이 많다. 독특한 향미를 주는 정유 성분은 정신을 맑게 하고 혈액을 보호하는 힘을 가지고 있다. 또한 식욕을 돋우어 주고 장의 활동을 좋게 하여 변비를 없애기도 한다.

(10) 조개탕과 쑥갓

쑥갓은 칼슘이 많고 비타민 A와 C가 풍부한 알칼리성 식품이다. 영양성분은 아니나 엽록소가 풍부해서 적혈구 형성에 도움을 주고 혈중 콜레스테롤 저하 효과가 있어 건강유지에 매우 큰 몫을 담당하고 있다. 이 엽록소, 비타민 A, C 등은 조개류에는 전혀 없는 것이다. 그러므로 조개탕에 쑥갓을 곁들이는 것은 매우 합리적이다.

(11) 생선회와 생강

우리가 요즘 흔히 먹는 생선은 생선 비린내가 나고 장염,

비브리오균 등 세균이 묻어 있어 식중독의 염려가 매우 크다. 그러나 생선회를 먹을 때 생강을 채를 썬 것을 함께 먹게 되면 우선 비린내 제거도 되고 살균작용으로 세균성 식중독 예방 효과도 기대할 수 있다. 또 생강에는 디아스타아제와 단백질 분해효소도 들어 있어 생선회의 소화를 도우며 생강의 향미성분은 소화기관에서의 소화 흡수를 돕는 효능도 있다.

(12) 잉어와 팥

임신 부종이나 각기 부종에 좋은 식품으로 전해오는 것이 잉어와 팥을 달여 마시는 것이다. 잉어는 중국에서는 3천년 전부터 애용되어 온 강장 보신 식품이었다. 산모의 젖이 부족할 때나 몸이 쇠약해졌을 때 잉어를 먹으면 젖이 많아지고 건강을 쉽게 회복하는 것으로 전해지고 있다. 사포닌은 거품의 성분으로 비누가 없던 시절에는 팥가루를 물에 넣어 거품을 일게 하여 세제로 이용하기도 하였다. 이것은 화학제품과는 달리 악해가 없으므로 약한 피부나 식품을 씻는데 적격이었다. 잉어와 팥을 넣고 삶으면 이 사포닌이 우러나와 체내에서의 수분을 배출하는데 도움을 주었던 것이다. 몸에 부담을 덜 주면서 수분 대사에 도움이 되는 사포닌이 효과를 얻는 좋은 방법이라고 평가된다. 각기병의 경우에는 잉어의 지방을 체내에 흡수하는 데 한 몫을 담당한 것이다. 팥에 들어 있는 간장대사를 돕는 콜린은 간장의 건강을 유지하는데 매우 중요한 물질이다. 간장에 지방이 축적되면 간장의 세포가 매우 중요한 물질이다. 간장에 지방이 축적되면 간장의 세포가 파괴되어 간경변증이 되기 쉽다. 그런데 식품으로 콜린이 충분히 공급되면 중성지방이 잘 형성되지 않고, 혈액에 잘 흘러가는 인지질인 레시틴이 만들어지기 쉬워 몸에 부담을 주지 않게 된다. 임산부는 간장에 큰 부담을 안고 있는데, 그런 때에 소화흡수가 잘 되는 양질의 단백질 식품인 잉어와 간장의 기능에 큰 도움이 되는 팥을 곁들여 먹는 것을 음식의 궁합으로 매우 합당한 것으로 평가할 수 있다.

(13) 굴과 레몬

레몬이라면 군침이 나올 정도로 신맛을 강하게 가지고 있는 과실이다.

굴에 레몬즙을 떨어뜨리면 첫째, 나쁜 냄새가 가시게 된다. 둘째로는 굴의 구연산은 식중독 세균의 번식을 억제하며 살균효과를 가지고 있다. 세 번째 굴과는 무기질인 철분의 흡수 이용률이 향상되는 점이다.

식품 중의 철분은 체내에 잘 흡수되지 않아 문제가 많은 영양소다. 예로부터 굴은 빈혈에 좋고 피부미용에 뛰어난 효과가 있으며, 식은땀을 흘리는 허약한 사람의 체질을 고칠 수 있다고 알려져 왔다. 그것은 굴에는 우수한 단백질과 철분이 풍부하기 때문이다. 거기에다 레몬에 함유된 비타민

C, 즉 아스코르빈산은 철분의 장내흡수를 크게 도와준다는 사실이 최근 밝혀지고 있다. 따라서 굴을 먹을 때 귤이나 레몬즙을 함께 먹으면 빈혈 치료 효과가 더욱 커진다.

(14) 우거지와 선짓국

선지가 고단백에 철분의 함량이 많은 재료이기는 하지만 많이 섭취하게 되면 변비 증세를 보이는 것이 결점이다. 이러한 면에서 보면 선짓국을 끓일 때 우거지와 무, 콩나물 등 채소를 많이 넣는 것은 매우 합리적인 것이다. 우거지와 콩나물 등 채소에는 비타민과 무기질이 풍부할 뿐 아니라 펙틴, 섬유소, 리그닌 등, 이른바 식이성 섬유가 풍부하다. 식이성 섬유는 소화가 되지 않으며 칼로리도 없는 것이어서 영양적 가치가 없는 것으로 취급되어 왔다. 그러나 최근 건강식품으로 이들의 역할이 매우 크다는 사실이 밝혀져 관심을 모르게 되었다. 무우잎과 같은 우거지에는 비타민 A의 모체가 되는 카로틴과 엽록소도 많이 있다. 엽록소는 작용을 촉진하는 작용이 크다. 엽록소는 세포 부활작용, 지혈작용, 말초혈관확장작용, 항알레르기 작용 등 중요한 생리 작용을 가지고 있다. 이러한 조혈에 도움을 주는 성분과 철분의 흡수를 도와주는 성분, 그리고 변비예방이 큰 우거지와 선지는 궁합이 잘 맞는 배합이다.

(15) 아욱과 새우

훌륭한 장장식품으로 여겨져 온 새우지만 비타민 A와 비타민 C는 거의 들어 있지 않다. 이와 대조적으로 아욱은 비타민 A와 C, 섬유질이 풍부한 알칼리성 식품이다. 그러므로 산성식품인 새우를 아욱과 함께 먹으면 궁합이 잘 맞는다는 것을 알 수 있다. 새우에는 참새우, 대하, 보리새우, 꽃새우 등의 여러 종류가 많은데 성분 차이는 크지 않다. 아욱국을 끓일 때 아욱은 연한 줄기와 잎을 식용하는데 주물러 치대서 풋내를 빼고 쌀뜨물을 부어 끓여 먹는다. 아욱의 잎과 껍질을 벗긴 줄기를 된장이나 고추장과 함께 넣은 다음 고기와 새우를 두드려 넣어 기름을 치고 쌀을 넣어 끓인 아욱죽은 소화력이 떨어진 사람에게는 더없이 좋은 별식이다. 된장에 보리새우를 넣고 끓인 아욱국은 멋과 영양의 균형이 잡힌 좋은 음식이다.

(16) 두부와 미역

두부를 만들 때 거품이 많이 나는 것은 콩이 가지고 있는 사포닌 때문이다. 콩의 사포닌은 이로운 점도 있으나 지나치게 섭취하면 몸 안의 요오드가 많이 빠져 나간다. 요오드는 갑상선을 구성하는 중요한 성분이다. 요오드가 부족하면 갑상선 호르몬인 티록신이 잘 만들어지지 않는다. 그러면 바세토씨 병에 걸리게 된다. 콩이 영양식품인 것만은 틀림없는 사실이나 콩 제품을 먹을 때에는 요오드 부족을 보충하는 식품을 곁들여야 한다. 요오드가 가장 풍부한 식품은 미역, 김과 같은 해조류이다.

(17) 옥수수와 우유

옥수수는 단백질을 구성하고 있는 아미노산의 질이 많이 떨어진다. 즉 트레오닌아나 페닐알라니, 유황 함유 아미노산인 메치오닌과 시스틴 등은 풍부하나 필수아미노산인 트립토판과 라이신이 거의 안 들어 있어 영양가가 떨어진다. 옥수수에는 비타민 B의 한가지인 다이아신이 부족하다고 알려져 있는데 이것이 부족되면 바로 펠라그라에 걸리게 된다. 펠라그라는 손, 발, 얼굴, 가슴 등 햇볕을 많이 쬐는 부분에 홍반이 생기며, 가볍고 색소가 침착하여 끝내는 낙설 현상이 일어난다. 옥수수의 결점을 보완할 수 있는 가장 우수한 식품이 우유다. 우유에는 사람이 매일 먹어야 건강을 유지할 수 있는 8가지 필수 아미노산이 골고루 들어 있다. 특히 옥수수에 적은 라이신과 트립토판의 공급식품으로 훌륭하다. 우유에는 비타민 A, B를 비롯하여 비타민 B군(B1, B2, B6,판토텐산, 나이아신 등)을 고르게 갖고 있다. 그래서 옥수수나 옥수수 가공품을 먹을 때 우유를 곁들이는 것은 영양 균형을 자연스럽게 잡아 주는 일이 된다.

(18) 딸기와 우유

딸기 100g에는 단백질이 0.9g, 지방이 0.2g밖에 들어 있지 않기 때문에 딸기를 먹을 때 우유와 섞어 먹으면 딸기의 자극적인 신맛을 중화해서 먹기가 수월해진다. 이러한 효능 외에도 단백질과 지방 등이 보강되어 영양균형을 이룰 수 있어 일석이조의 이득이 얻을 수 있다. 인류가 응용하고 있는 식품 중 단일식품으로 가장 완전한 것이 우유이다. 식품의 영양가치 기준은 그 식품이 어떠한 영양원을 얼마만큼 쉽게 소화흡수 될 수 있는지에 따라 그 가치를 판단하게 되는데, 우유에는 여러 영양소가 다른 식품보다 골고루 들어 있어 완전식품이라고 표현되기도 한다. 우유는 양질의 단백질, 비타민 B, 칼슘의 양이 많고 소화흡수가 잘 되는 대표적인 식품이다. 우유가 이렇게 훌륭한 식품이기는 하나 물 마시듯 마시면 소화가 잘 안 되는 경우도 있다. 그래서 우유를 먹을 때는 침이나 소화효소가 잘 섞이게 먹는 것이 좋다. 우유를 잘 먹는 방법은 한꺼번에 많은 양을 물 마시듯 하지 말고 한 모금씩 입에서 오랫동안 씹어 먹듯이 먹는 것은 한꺼번에 많은 양을 먹을 수가 없어 소화 효소의 활동을 돕는 효과가 있으므로 우유나 딸기를 따로따로 먹는 것보다 딸기에 우유를 섞어 먹으면 소화 흡수율이 훨씬 향상된다.

(19) 된장과 부추

된장국은 식욕 증진 효과와 우수한 단백질 공급효과가 있어 좋기는 하나, 두 가지 문제점을 가지고 있다. 하나는 소금 함량이 많아 나트륨의 과잉 섭취이고 다른 하나는 비타민 A와 C의 부족이다. 이러한 결점을 보완해 주는 좋은 식품이 부추라고 할 수 있다. 너무 짜게 먹으면 나트륨의 영향으로 혈압이 올라갈 염려가 있어 걱정이 된다. 그래서 음식은 싱겁게 먹을수록 좋으나 된장국이 너무 싱거우면 맛이 없다. 이런 경우 부추와 된장을 함께 끓이면 부추에 많이 들어 있는 칼륨이 나트륨의 피해를 경감시켜 준다. 길항작용이 발동해서 칼륨이 체외로 배설될 때 나트륨을 함께 끌고 나가기 때문이다.

(20) 쌀과 쑥

비타민 A 효과가 있는 베타카로틴이 쑥잎에는 풍부한데, 이것이 부족하면 인체에 세균이나 바이러스가 침입했을 때 저항력을 상실하고 만다. 베타카로틴은 항암효과가 인정되고 있는데, 쑥에는 또 항암효과가 있는 복합다랑체도 보고되고 있다. 감기의 치료와 예방효과가 큰 비타민 C도 많다.

쌀에 적은 칼슘이 많아 영양의 균형을 이루며, 세포 재생 부활력이 강한 엽록소가 풍부하므로 그야말로 쌀의 부족 성분을 보충해 주는 대표적인 건강식품이라고 평가할 수가 있다.

(21) 시금치와 참깨

참깨를 볶을 때 나오는 고소한 향기의 일부는 바로 아미노산의 한 가지인 시스틴 등이다. 참깨는 고소한 맛의 대명사이다. 고소한 향기와 맛을 가지고 있을 뿐 아니라 어느 식품에도 뒤지지 않는 훌륭한 장점을 가지고 있다. 결석 방지에는 아미노산의 하나인 과진도 효과가 있는데 이는 참깨에 많이 들어 있다.

이러한 것들을 종합해 볼 때 시금치나물과 참깨는 시금치에 부족한 단백질, 지방, 칼슘, 비타민 B 등을 자연스럽게 공급할 수 있을 뿐 아니라 풍부한 칼슘과 리진으로 결석 생성을 예방하는 좋은 식품의 배합이다.

(22) 토란과 다시마

토란의 아린 맛 성분인 수산석회는 많은 양이 체내에 축적되면 결석의 원인이 된다. 그래서 신석증이나 담석증의 발생 원인이 되기도 한다. 이 성분을 우려내려면 쌀뜨물에 담가두면 효과가 크다. 쌀뜨물에는 인지질과 단백질 등이 들어 있어 수산석회를 비롯한 잡맛 성분을 제거하는 특성이 있기 때문이다. 다시마는 콘포라고 하는데 말린 다시마에는 당질이 43.3%, 섬유가 7.5%나 함유되어 있다. 특히 알긴이라는 당질이 20%나 되며, 무기질로 요오드의 함량이 높다. 이 두 가지 성분이 토란의 수산석회를 비롯한 유해성분의 체내 흡수를 억제시키는 특성을 가지고 있다. 요오드는 갑상선 호르몬을 잘 만들게 하여 대사를 촉진시키며, 다시마의 감칠맛은 토란의 맛을 부드럽게 해 준다.

(23) 찹쌀과 대추

쌀에는 찹쌀과 멥쌀이 있는데, 찹쌀이 칼로리가 높고 소화가 잘 되므로 찰밥이나 떡, 미숫가루 등으로 이용되어 왔다. 비타민 B1, B2가 많으며 익혔을 때 씹히는 맛이 좋아 약식에 제격이다. 이렇게 장점이 많지만 쌀은 지방이 적으며 칼슘과 철분, 섬유의 함량이 적은 것이 결점이다. 그러한 결점을 보완해 주는 훌륭한 식품이 대추와 참기름, 잣이다. 대추는 쌀에 부족한 철분과 칼슘, 섬유를 자연스럽게 보충하는 장점을 가지고 있다.

(24) 당근과 식용유

비타민 A와 카로틴은 열에 비교적 강하므로 일반 조리법으로는 거의 손실되지 않는다. 더욱이 비타민 A는 지용성이므로 기름으로 조리해서 먹는 편이 훨씬 영양효과를 향상시킨다는 사실을 알아야 한다. 당근에는 비타민 C를 파괴하는 아스코르비나아제가 함유되어 있으나 이 효소는 열에 약하기 때문에 당근을 익히거나 튀기면 그 힘이 없어지고 만다. 이러한 사실을 종합해 보면 당근은 날것으로 먹지 말고 익히거나 기름과 곁들여 먹는 것이 좋다는 것을 알 수 있다.

(25) 매실과 차조기

차조기 잎의 색은 안토치안계 색소인 페리라닌인데 매초

의 반응으로 곱게 염색된다. 차조기 잎에는 페릴알데히드, 리모넨, 피넨이라는 정유성분이 함유되어 있어 매실에 좋은 향기를 줄 뿐 아니라 부패 세균의 번식 방지에도 효과가 크다.

(26) 죽순과 쌀뜨물

죽순의 잡맛을 제거하고 조직을 부드럽게 하려면 쌀뜨물을 활용하면 된다.

(27) 수정과와 잣

수정과에 잣을 띄워 먹는 것은 잣의 지방이 곶감의 변비를 예방하는 효과가 기대되는 배합이었던 것이다. 감이나 곶감을 많이 먹으면 몸이 차진다고 전해져왔는데, 그것은 감의 타닌이 다른 식품 중의 철분과 결합해서 체내 흡수를 방해한데서 생긴 말이었다. 타닌은 철분과 결합하면 차닌산철이 되는데 이것은 결합이 단단해서 불용성으로 그대로 배설되고 만다. 식품 중의 철분 흡수가 방해되면 빈혈이 되므로 몸이 냉해지는 것은 당연한 귀결이다. 그런데 잣에는 같은 견과류인 호두나 땅콩보다도 철분의 함량이 많다. 그런 면으로 본다면 수정과에 잣을 띄우는 것은 빈혈을 막는 효과도 있으므로 궁합이 잘 맞는 한 쌍으로 볼 수 있다.수정과는 담이 많고 기침이 나올 때, 만성 기관지염 등에 좋은 것으로 추천되어 왔다.

(28) 초콜릿과 아몬드

초콜릿의 원료인 코코아에는 당질과 지방이 지나치게 많이 들어 있다. 그러므로 여기에 우유와 설탕을 넣어 밀크 초콜릿을 만들면 맛이 너무 농후하고 찐득해서 먹는 데 부담스럽다. 더구나 초콜릿은 조금만 온도가 높아져도 눅눅해지고 제 모양을 갖기가 어렵다. 그래서 넣게 된 것이 아몬드이다. 아몬드는 장미과에 속하는 나무의 과실로 크고 평평한데 익으면 과육이 말라 터져 핵이 노출된다. 이 핵 속에 들어 있는 인을 식용하는 것이다. 아몬드의 지방에는 인지질인 레시틴이 많아 초콜릿의 테오브로민이 뇌나 중추신경에 주는 지나친 자극을 중화 억제하는 효과를 낸다. 고소한 맛과 따뜻한 곳에 두어도 쉽게 녹지 않는 장점이 있어 초콜릿과 아몬드는 궁합이 잘 맞는 식품이다.

(29) 소주와 오이

술을 좋아하는 사람이라도 자극성이 강한 알코올의 향은 거부감을 갖게 된다. 소주를 마시면서 '카'하는 소리를 내는 일이 많은데 그것이 알코올의 자극취에 대한 거부감의 자연스런 표현이다. 물론 이것은 다른 사람에게 불쾌감을 주는 것이므로 예의에 어긋나는 일이다. 그런데 오이를 가늘게 썰어 소주 안에 넣으면 자극취가 가시고 맛이 순해져 그것을 마시면 '카'하는 소리를 안 내게 된다. 95.5%나 되는 수분과 오이가 갖는 향미 성분으로 인해 소주의 자극취가 가시고 맛이 순해지기 때문이다.

오이가 자극취를 흡착하는 것이다. 성분상으로 보면 영양가가 낮은 것으로 되어 있으나 무기질로 칼륨의 함량이 높아 알칼리성 식품이다. 이 칼륨은 인체의 구성물질로 약 0.35%가량 들어 있다. 술을 많이 마시면 체내의 칼륨이 배설되므로 오이로 공급하는 것이 매우 합리적이다. 염분 배출과 노폐물 배출이 잘 되어 몸이 맑게 된다. 오이와 소주는 여러모로 궁합이 맞는 셈이다.

(30) 감자와 치즈

치즈는 단백질과 지방이 각각 20~30% 가량 들어 있는 고열량 식품이면서 소화가 잘되는 특색을 가지고 있다. 술안주로 치즈를 먹으면 위를 보호해서 숙취와 악취를 예방하는 효과도 크다. 치즈가 발효 숙성되는 동안에 단백질이 분해되어 맛은 좋아지고 소화성도 향상된 것이다. 비타민 A, B, B2, 나이아신 등이 있고 칼슘 등이 풍부해 감자와 어울리면 상호 보완의 작용이 있어 영양의 상승효과가 높아진다.

(31) 카레와 요구르트

카레를 처음 먹는 사람은 혀가 얼얼해서 정신이 없는데 그런 사람들은 카레에 요구르트를 섞어 먹기도 한다. 요구르트를 섞으면 신기할 정도로 매운맛이 줄고 독특한 풍미가 생겨나기 때문이다. 인도에는 소가 많지만 인도 사람들은 종교적인 이유로 쇠고기를 먹지 않는다. 그러나 우유나 유제품은 애용하고 있다. 우유를 먹는 것은 살생과 무관한 것으로 알기 때문에 채식주의자도 먹는다. 석가가 수도 중 우유로 생명을 구한 것은 유명하다. 카레 요리에 단단한 치즈를 사용하기도 하는데, 자극성이 강한 카레 요리에 요구르트나 치즈를 배합하는 것은 맛의 창조뿐 아니라 영양의 균형을 이룬 걸작 궁합이 아닐 수 없다.

3. 술과 어울리는 안주

위 속에 음식 특히 지방질이나 단백질이 있으면 알코올의 흡수가 매우 더디게 진행된다. 그래서 도수가 높은 술을 마시기 전에 우유를 마시는 것이 좋다는 말이 생긴 것이다.

술을 마시면서 생각해야 할 점은 다음과 같다.

첫째, 비타민 B군과 C의 섭취.

둘째, 무기질 특히 칼슘과 마그네슘의 섭취.

셋째, 자극성 식품을 피할 것 등이다.

평상시에 충분한 영양식을 하고 있어도 술을 마시면 영양소의 부족이 일어나기 쉽다는 것을 알아야 한다. 막걸리와 잘 어울리는 안주는 돼지고기 김치찌개가 좋다. 조금 매워도 막걸리 성분 때문에 큰 부담을 안 준다. 소주 안주로 마른 오징어보다는 생오징어나 다른 생선찌개와 돼지고기 요리, 어포 등이 좋고 맵고 짠 것은 궤양을 일으킬 우려가 있다. 맥주는 흔히 땅콩과 함께 먹는데 먹는 양을 조절 못하면 살이 찐다. 적포도주는 육류가 좋고 백포도주는 생선류가 어울린다. 위스키는 치즈, 육포, 잣, 호두 등이 좋은 안주이다.

(1) 가지와 기름류

가지는 고운 보라색을 가지고 있어 요리의 악센트 역할도 하는데 안토치안계의 나스닌(자주색)과 히아신(적갈색)이 주 성분이다.

그런데 이 나스닌은 성인병을 예방하는 효과가 있다. 즉 콜레스테롤을 낮추고 동맥경화 등 순환기계통의 질병을 예방하는 효과가 있다. 그래서 중국에서는 가지를 고혈압에 좋은 것으로 이용해 왔다. 가지에는 모세혈관을 보호 강화시키는 비타민 P도 있음이 밝혀졌다. 가지는 영양분이 적은 식품이라고 하지만 기름을 잘 흡수하는 성질을 가지고 있어 튀김용 재료로 썩 좋은 식품이다. 가지나물에 참기름을 섞은 것도 맛뿐 아니라 열량공급을 쉽게 하고 기름의 소화흡수율을 높일 수 있다.

(2) 새우와 표고

표고버섯에는 생리적 활성물질인 다당체, 렌티난을 비롯하여 독특한 감칠맛을 나타내는 구아닐산이 있다. 비타민

D의 모체인 에르코스테린이 풍부하고 비타민 B1, B2도 많다. 표고버섯은 혈중 콜레스테롤 수치를 떨어뜨리는 효과가 크고 에르코스테린 때문에 칼슘의 흡수를 크게 도와준다. 새우에 들어있는 칼슘의 소화흡수를 도우며 콜레스테롤을 걱정할 염려가 없으니 새우와 표고는 궁합이 잘 맞는 식품이다.

(3) 토마토와 튀김

기름에 튀긴 음식은 맛은 있어도 먹고 나면 위에 부담을 주는 일이 있다. 그러한 튀김을 먹을 때에 토마토를 함께 먹으면 좋다. 고기나 생선 등 기름기 있는 요리를 먹을 때 토마토를 곁들이면 위 속에서의 소화를 촉진시키고 위의 부담을 가볍게 해 준다. 소화를 도와주는 성분은 효소, 비타민 B 등인데, 토마토에 풍부한 펙틴이라는 식물섬유는 위의 활동을 도와주는 효과가 크다. 튀김을 먹을 때 토마토를 함께 먹는 것이 궁합에 맞는 합리적인 식습관이라는 것을 알 수 있다.

〈흐레마 성경 공부 오흥복 목사의 저서 시리즈〉

이렇게 기도했더니 영안이 열렸다

성도들의 초미의 관심사는 아마 방언을 말하고, 영안(환상)이 열리고, 예언을 하고, 통역을 하는 것이 아닐까 합니다. 이런 분들에게 이 책이 아마 큰 도움이 될 것입니다. 왜냐하면 이 책에서는 환상을 보는 방법과 성령의 불을 받는 방법이 기록되어 있기 때문입니다. 단언컨대 이렇게 영안이 열리는 방법과 성령의 불을 받는 방법을 기록한 책은 국내에서 이 책이 유일하다고 봅니다. (가격 11,500원)

암병이 치료된 사람들의 이야기

부자가 되는 방법은 부자들이 했던 방법을 그대로 흉내내서 하면 되는 것 같이 불치병에서 치료 받는 방법도 역시 그들이 했던 기도의 방법을 그대로 따라하면 됩니다. 이 책에서는 바로 그들이 기도했던 기도의 방법을 그대로 다루고 있습니다. (가격 11,500원)

천사를 만난 사람들의 이야기

이 책은 일상생활 가운데서 천사를 만난 사람들의 이야기와 위경에 처했을 때 천사의 도움을 받은 실제적인 이야기가 나오는데 특별히 임종에 처한 성도들의 이야기를 들어보면 예수님을 잘 믿은 성도들은 언제나 돕는 천사 둘이 나타나고, 신앙생활을 잘못한 신자들에게는 언제나 천사들과 죽음의 사자가 같이 나타남을 알 수 있습니다. (가격 12,000원)

본질을 찾아서

어거스틴이 쓴 책 중 "신앙 핸드북"이란 책이 있는데 이는 우리가 신앙생활하며 궁금해 했던 성경 내용들을 요약해 기록한 책인데 저의 이 책이 바로 그런 역할을 하게 될 것입니다. 우리가 신앙생활하며 궁금해 했던 성경말씀들이 많이 있을 것인데 그 내용을 제가 36년 동안 성령의 안경을 쓰고 추적한 결과 그 해답을 찾아 정리해 놓은 책이 바로 이 책입니다.

(가격 6,000원)

예수님이 보신 성경 70인역 창세기 번역본

우리는 예수님과 제자들이 맛소라 사본인 우리가 보는 구약 성경을 보신 줄 아는데 그렇지 않습니다. 당시 예수님과 12 제자들과 바울과 스테반과 어거스틴과 요세푸스는 구약 헬라어 성경 70인 역을 보았습니다. 그러나 안타깝게도 우리나라에 이 70인 역 성경이 번역되지 않아 부족하지만 번역하게 되었습니다. 한번 구매해 읽어 보시면 깜짝 놀랄만한 소식을 접하게 될 것입니다.

(가격 18,000원)

헬라어적 관점과 역사론적 관점과 관용어적 관점으로 본 하존 요한 계시록 1권(계1-3장 까지)

헬라어적 관점이란 개정성경의 각 장의 요절들을 헬라어로 쉽게 해석했다는 말이며 헬라어의 유래를 찾아 헬라어가 어떻게 변했는지 쉽게 설명하고 있다는 말입니다. 또한 역사론적 관점이란 요한 계시록을 역사론적으로 해석하고 있다는 말이며, 관용어적 관점이란 요한 계시록이 관용어로 연결되어 있는 것을 관용어를 찾아 설명하고 있다는 말입니다.

(가격 12,800원)

하존 요한 계시록 2권 (계4-8장 까지)

요한 계시록은 관용어로 기록되어 있는데 이 관용어를 히브리어로 마솰이라 합니다. 마솰을 다른 말로 하면 잠언이란 뜻입니다. 예수님의 비유를 헬라어로 파라볼레라 하는데 이 파라볼레의 유래가 마솰입니다. 이 마솰을 쉽게 해석하면, 관용어, 속담, 격언이란 뜻입니다. 그런데 계시록은 바로 이 관용어인 마솰로 연결되어 있습니다. 그러므로 본 책을 보시면 계시록을 기록할 당시 요한이 이 관용어를 어떻게 사용해서 계시록을 기록했는지 알 수 있습니다.

(가격 12,800원)

하존 요한 계시록 3권(계9-12장 까지)

계시라는 말에는 헬라어 "아포칼립시스"와 히브리어 "하존"이라는 말이 있는데 "아포칼립시스"는 자연계시, 일반계시, 특별계시, 기타 등등의 계시라 해서 광역적인 계시를 말하고, 하존이란 한 가지 주제에 포커스(초점)을 맞추고 집중 조명하는 것을 말합니다. 제가 쓴 책인 이 요한 계시록이라는 책이 바로 종말(하존)에 포커스를 맞추고 쓴 책입니다.

(가격 12,800원)

하존 요한 계시록 4권 (계13-17장 까지)

이 책을 선택하신 여러분은 탁월한 선택을 하신 것입니다. 왜냐하면, 한국에서 헬라어적 관점과 역사론적 관점과 관용어적 관점으로 요한 계시록이란 책을 쓴 사람이 없고, 이 세 가지 입장에서 세미나를 하시는 분도 한 분도 없기 때문입니다. 그러나 저는 이 세 가지 관점에서 이 책을 썼습니다.

(가격 12,800원)

하존 요한 계시록 5권 (계18~19장,계21~22장 까지)

관용어란 히브리어로 "마솰"이라 하는데 이 말은 잠언을 말하는 것으로 "속담, 격언, 관용어"란 뜻이 있습니다. 그런데 이 마솰에서 비유라는 사복음서의 파라볼레가 유래 되었는데 이를 관용어라 합니다. 그런데 놀랍게도 요한 계시록은 제1장부터 22장까지 이 비밀코드인 마솰(파라볼레=관용어)로 다 연결되어 있습니다. (가격 12,800원)

하존 요한 계시록 6권 (계20장)

계시록은 관용어라는 비밀코드로 연결되어 있습니다. 그러므로 이 관용어인 비밀코드를 알지 못하면 요한 계시록은 해석될 수 없습니다. 그런데 저의 본 책이 바로 이 비밀코드를 푸는 열쇠가 될 것입니다. 왜냐하면, 계시록에 나와 있는 관용어를 다 정리해 놓았기 때문입니다. 여기서 관용어란 속담, 격언, 잠언, 비유를 뜻하는 말입니다. (가격 12,800원)

뉴 동의보감

어느 약사 장로님이 저의 이 책을 보시고 말씀하시길 "허준의 동의보감보다 목사님이 쓰신 이 책이 동의보감보다 더 잘 쓰셨습니다." 하고 말씀하시는 것을 들어 보았습니다. 그 약사 장로님이 말씀하신 것 같이 이 책에는 어느 병에는 어느 약초들이 좋은지 그 약초들의 소개로 가득 차 있습니다. 저 또한 몸에 병이 올 때 제가 쓴 이 책에 나오는 약초들을 사용함으로 대부분의 병을 치료받곤 했습니다. (가격 12,000원)

나는 기도응답을 100% 받고 있다

저자 오흥복 목사는 2003년까지만 해도 기도응답을 거의 받지 못했지만 기도의 방법을 바꾸고 나서 거의 100% 기도 응답을 받았습니다. 이 책에서는 이렇게 거의 100% 기도 응답 받을 수 있는 방법을 제시하고 있습니다. 여러분들도 이 책에서 제시하는 방법대로 기도하는 순간, 기도응답을 거의 100% 가까이 받게 될 것입니다. (가격 11,000원)

기도응답은 만들어 받는 것이다

이 책은 1권인 "나는 기도응답을 100% 받고 있다"라는 책의 후속 편으로 1권을 기반으로 썼기 때문에 1권을 보시지 않고, 이 책을 읽으면 잘 이해가 되지 않는 부분이 있습니다. 그러므로 반드시 1권을 읽으시고 이 책을 대하시길 바랍니다. 이 책은 지금 당장 문제 가운데 있는 분들이 보신다면 흑암의 터널을 통과하는 서광이 될 것입니다. (가격 11,000원)

이젠 돈 걱정 끝

이 책은 물질에 대한 이해와 기본구도에 대해 설명하고 있습니다. 이 책을 보시면 물질이 어떻게 움직이는지 알게 됩니다. 그뿐만 아니라 이 책의 핵심은 번제인데, 번제는 힘으로도 안 되고, 눈물로도 안 되고, 기도로도 안 되던 문제를 해결하는 만병통치약과 같은 것으로 이 번제에 대하여 아주 잘 설명하고 있습니다. 또한 이 책과 "부자들의 이야기 그들은 이렇게 해서 부자가 되었다"라는 책과 "한국의 탈무드" 1.2.3권은 한 권의 책이라 보시면 됩니다. 그러므로 물질 문제를 해결하기 위해서는 이 책과 부자들의 이야기와 한국의 탈무드 1.2.3권의 책을 반드시 같이 보셔야 합니다. (가격 12,000원)

한국의 탈무드 1

이 책은 묵상이 무엇이며, 무엇을 묵상해야 하며, 인생의 답인 지혜에 대하여 자세히 다루고 있습니다. 이 책에서는 솔로몬이 가졌던 지혜를 누구나 가질 수 있음을 말하고 있는데, 그 방법은 4가지를 통해 가질 수 있고, 생활 가운데 그 지혜를 활용하는 방법도 소개되고 있습니다. 사실 이 책과 "이젠 돈 걱정 끝이란 책과 부자들의 이야기 그들은 이렇게 해서 부자가 되었다"란 책은 한 권이라 보면 됩니다. 그러므로 이 책을 보신 분들은 "이젠 돈 걱정 끝과 부자들의 이야기"라는 책을 반드시 참고하셔야 합니다. (가격 11,000원)

한국의 탈무드 2

이 책은 "한국의 탈무드 1"을 기반으로 쓰인 책으로 성공의 원리와 삶의 원리를 다루고 있습니다. 성공도 그렇고, 삶도 그렇고 모든 것에는 원리가 있습니다. 그래서 이 원리에 맞게 움직이면 우리는 누구나 다 성공할 수 있고, 원리에 맞게 움직이지 않으면 공부를 많이 했어도 실패할 수밖에 없습니다. 저는 이 책에서 지혜를 갖는 원리와 성공과 생활의 원리 약 80여 가지를 다루고 있습니다. 여러분들이 이 책에 나와 있는 원리를 잘 알고, 적용하시면 아마 100% 성공적인 삶을 살게 될 것입니다. (가격 11,000원)

한국의 탈무드 3

하나님이 주신 지혜인 영감과 원리를 가지면 세상을 정복할 수 있습니다. 그런데 이 책엔 이런 원리와 예화가 가득 차 있습니다. 저는 개인적으로 지혜만 가지고 있으면 사막과 황무지에서도 살아남고 성공할 수 있다고 봅니다. 그런데 저의 책 "한국의 탈무드" 1.2.3권이 이런 지혜를 주는 지혜의 보고가 될 것입니다. 이 책엔 2권에서 다 말하지 못한 원리들과 지혜 예화들이 나오고 있습니다. 그러므로 이 책의 원리와 예화를 그대로 적용하시면 아마 100% 성공적인 삶을 살지 않을까 생각합니다. (가격 11,000원)

임재 기도의 힘, 생각만 해도 응답 받는다

이 책은 임재와 기름부음의 차이, 어떻게 하면 성령의 임재 가운데 있을 수 있는지 아주 잘 설명하고 있으며, 어떻게 하면 생각만 해도 응답 받는지에 대하여도 잘 설명하고 있습니다. 그뿐만 아니라 방언에 대한 오해와 궁금한 모든 것을 아주 자세히 설명하고 있습니다. 이 책을 보시면 누구나 방언을 말하게 될 것이며 또한 "성령을 이해하면 당신도 환상과 예언을 할 수 있다"라는 책은 이 책의 후속편이오니 참고해 주셨으면 합니다. (가격 11,000원)

성령을 이해하면 당신도 환상과 예언을 할 수 있다

이 책은 "임재 기도의 힘, 생각만 해도 응답 받는다"의 후편으로 성경에 나와 있는 9가지 은사를 어떻게 받으며, 은사를 사용하는지에 대하여 다루고 있습니다. 그뿐 아니라 우리의 초미의 관심이 되는 환상에 대하여 자세히 다루고 있으며, 또한 예언하는 방법에 대하여 자세히 다루고 있습니다. 이 책을 읽으시고, 바로 이해만 하신다면 이제는 누구나 환상을 볼 수 있게 되고, 예언을 할 수 있게 될 것입니다. (가격 11,000원)

부자들의 이야기 그들은 이렇게 해서 부자가 되었다

이 책은 록펠러와 빌게이츠, 샘 월튼, 호텔왕 콘래드 힐튼, 워렌 버펫, 그리고 한국의 부자들이 실제로 어디에 어떻게 투자해서 부자가 되었는지 그들의 투자 노하우가 그대로 심층 분석되어 있습니다. 이 책을 보시고 이 책에서 제시하는 방법대로 투자하면 당신도 부자가 될 수 있을 것입니다. 다시 말해 실전 투자 방법들이 소개되고 있습니다. 사실 이 책과 "이젠 돈 걱정 끝", "한국의 탈무드" 1.2.3권은 한권의 책이라 봐야 할 것입니다. 그러므로 이 책을 보신 후 그 책들을 참고해 주셨으면 합니다. (가격 12.000원)

영적 존재에 대한 이야기

이 책은 여섯 가지 영적 존재인 하나님과 천사와 사람과 마귀와 귀신과 미혹의 영에 대하여 아주 자세히 쓰고 있습니다. 이 책을 읽으시면 여섯 가지 영적 존재의 움직임을 자세히 알게 되어 가만있어도 여섯 가지 영적 존재가 어떻게 활동하는지를 알게 될 것입니다. 이 책을 한마디로 말하면 여섯 가지 영적 존재를 아는 필독 도서라 보면 될 것입니다.

(가격 11,000원)

다가온 종말론

종말론에 대한 책들이 많이 있지만, 이 책은 주님이 보시는 종말론을 기록하였습니다. 저는 감히 말씀드립니다. 펠라 지역을 모르면 종말론을 다시 해야 한다고 말입니다. 그 정도로 종말론에 있어 펠라 지역은 중요합니다. 그런데 이 펠라 지역에 대한 정보가 바로 이 책에 기록되어 있습니다.

(가격 11,000원)

성경 보는 눈을 열어주는 창세기

우리는 창세기 하면 그저 신비로 생각하는데, 중요한 것은 우리가 성경을 아는데 있어 교두보의 역할을 하는 것이 바로 창세기입니다. 그러므로 우리가 창세기를 잘 알지 못하면 성경을 이해하는 데 어려움을 겪게 됩니다. 성경의 비밀이 창세기 안에 다 들어 있기 때문입니다.

(가격 11,000원)

삼위일체와 예수

우리는 삼위일체 하면 굉장히 어려워합니다. 그러나 실제로 삼위일체는 신비가 아니라 아주 쉬운 부분에 해당합니다. 이 책에는 이 삼위일체의 비밀을 잘 설명하고 있으며, 우리가 믿는 예수님에 대한 신비를 이해하기 쉽게 기록하고 있습니다. 그러므로 삼위일체와 예수님에 대하여 알고 싶으시면 이 책을 꼭 보시길 바랍니다. (가격 11,000원)

상상하며 기도 하면 100% 응답 받는다

이 책은 제가 지난 24년 동안 기도 응답에 대하여 연구하기 시작하면서 응답 받았던 부분을 종합해 본 결과 얻어낸 결론입니다. 또한 지난 7년 전부터 이 결론을 가지고 임상실험을 해 기도 응답을 거의 100% 받은 비밀을 그대로 공개하고 있습니다. 그래서 이 책을 저는 기도응답의 결정판이라 말하고 싶습니다. 여러분들도 이 책에서 제시하는 방법대로만 기도하신다면 틀림없이 100% 받게 될 것입니다. (가격 6,000원)

주님을 사랑하면 복들이 온다

기도응답을 받기 위해서는 우리가 하나님이 사랑하시는 분을 사랑하면 되는데 그 첫째가 말씀이고 둘째는 예수님이십니다. 이 말씀과 예수님을 친밀하게 사랑하면 돈을 비롯한 영혼이 잘되고, 범사가 잘되고, 강건한 복을 받게 됩니다. 그런데 이렇게 말씀을 친밀하게 사랑하는 방법이 주어 3인칭을 주어 1인칭으로 바꾸면 되고, 주님을 사랑하되 사랑하는 증거를 가지고 있으면 됩니다. 자세한 내용은 이 책을 구매해서 읽어 주시길 바랍니다.

(가격 6,000원)

다바르(이름대로 된다)

다바르라는 말은 말이 현실로 되는 창조적인 말을 의미하는 히브리어입니다. 우리나라 말에 "말에 씨가 있다"라는 말이 있는데, 이 말을 성경 식으로 표현하면 바로 다바르가 되는 것입니다. 어떤 사람은 뒤로 넘어져도 코가 깨지고 안 되지만 어떤 사람은 뒤로 넘어져도 일어날 때 돈을 줍고 성공하게 되는데, 이렇게 인생에서 실패와 성공을 좌우하는 이유가 바로 이름 때문입니다. 즉 다바르의 역사 때문입니다. 이 책을 읽어 보시면 이름의 중요성과 다바르의 중요성을 알게 되어 이제부터 성공적인 인생을 살게 될 것입니다. (가격 6,000원)

성경 보는 안경 1 (상)

우리가 성경을 가장 짧은 시간 내 독파할 수 있는 방법이 있는데 그것은 바로 성경의 용어를 잘 이해하는 것입니다. 저는 이 책을 조직신학 해석집이라 할 정도로 성경의 용어들을 읽기만 해도 쏙쏙 해석될 수 있게 기록했습니다. 그러므로 한번 구매해서 상, 하권 두 권을 읽어 보시면 여러분들이 지금까지 궁금해했던 성경에 대한 모든 답을 다 찾아낼 것이며 성경에 대한 궁금증이 다 사라질 것입니다. 상하권 두 권으로 되어 있으며 반드시 두 권 다 구매해 읽으셔야 합니다.

(가격 11,000원)

성경 보는 안경 2 (하)

이 책은 성경 보는 안경이라는 1권(상) 책에서 다루지 못한 내용을 이어 쓴 2권(하) 책으로 역시 기존에 어렵기만 했던 성경 용어들을 쉽게 볼 수 있게 해석해 놓은 책입니다. 우리가 성경을 단기간에 돌파할 수 방법이 있는데 그것은 성경 용어를 잘 이해하면 됩니다. 그런데 이 책은 1권(상)에 이어 읽기만 해도 성경 용어들이 잘 이해될 수 있게 썼습니다. 한번 구입해 읽어보시면 성경이 쉽고, 재미있다는 것을 알게 될 것입니다. (가격 11,000원)

암과 아토피와 성인병은 더 이상 불치병은 아니다

서양의학의 아버지인 히포크라테스는 말하길 "면역은 최고의 의사이며, 최고의 치료법이다" 라고 했고, 유명한 약학 전문가인 "사무엘 왁스맨"은 "모든 질병을 고칠 수 있는 치료법은 이미 이 세상에 존재하고 있다"라고 말했습니다. 이 책에는 바로 이런 불치병을 치료할 수 있는 방법을 자세히 다루고 있습니다. (가격 11,000원)

약이 없는 병은 없다 1 (품절)

제가 약초와 한국의 풀들을 연구하며 느낀 것은 세상에 약이 없는 병은 단 한 건도 없다는 것이었습니다. 또한 사람이 자연수명을 다하지 못하고 죽는 이유가 약이 없어 죽는 것이 아니라 약을 찾으려 하지 않고, 약을 찾았어도 그 찾은 약을 믿지 않고 쉽게 포기해 버려서 죽는다는 것이었습니다. 이 책을 보시면 모든 병에 반드시 약이 있다는 것을 알게 될 것입니다. (가격 11,000원)

약이 없는 병은 없다 2

만병통치약은 없어도 모든 병엔 다 약이 있습니다. 이 책에 있는 약초들이 여러분의 병을 치료할 것입니다. 이 책은 한국의 나무와 풀들인 약초에 대한 것이 2권이고, 이 책에서 다루지 못한 부분은 제3권에서 다루도록 하겠습니다. 여러분들이 이 책을 읽어 보시면 진짜 약이 없는 병은 없다는 것을 알게 되실 것입니다. 제가 이 책을 쓴 이유는 우리 믿는 모든 성도가 이 책을 읽으시고 120살까지 건강하게 무병장수하셨으면 해서 쓰게 되었습니다. (가격 10,000원)

약이 없는 병은 없다 3

하나님이 주신 나무와 풀인 약초 안에 모든 병에 대한 약인 만병통치약이 있습니다. 이 책에 나와 있는 약초와 풀들이 당신의 병을 치료하는 만병통치약이 될 것이며, 우리가 약초에 대하여 잘 알면 진짜 약이 없는 병은 없다는 사실을 알게 될 것입니다. 저는 우리 성도들이 나무와 풀인 좋은 약초를 드시고 120살까지 무병장수했으면 합니다. 이 책을 읽어 보시면 120살까지 장수한다는 것이 결코 불가능한 일만은 아니라는 사실을 알게 될 것입니다. (가격 10,000원)

세포를 치료하면 모든 병(암)이 치료된다 (절판)

우리 몸의 구조는 물이라고 하는 피가 70%이고, 세포가 30%로 구성되어 있습니다. 그러므로 우리 몸에 문제가 생기면 물이라고 하는 피와 세포를 치료하면 자동으로 병은 치료 됩니다. 그런데 피에 관한 문제는 혈액순환에 관한 문제이며, 세포에 관한 문제는 8가지 당에 관한 문제입니다. 이 책은 바로 이 피와 세포를 어떻게 하면 정상으로 만들 수 있는지를 다루고 있습니다. (가격 4,000원)

구원과 성막

이스라엘 사람들이 아론을 중심으로 눈에(출32:4) 보이는 하나님을 믿기 원하는 것을 하나님은 아시고 하나님은 그들을 심판하셨습니다. 그러나 한편으로는 눈에 보이는 하나님을 믿고 싶어 하는 사람의 마음을 이해하셔서 하나님의 얼굴인 성막을 주셨는데 그분이 바로 예수님이십니다. 이 책엔 여러분들이 신앙생활 하며 궁금해했던 구원의 3단계와 성막에 대하여 쉬우면서도 심도 있게 다루고 있으니 구원의 확신이 없으신 분들이나 성막에 대하여 궁금하셨던 분들이 보시면 신앙생활에 많은 도움이 될 것입니다. (가격 11,000원)